TRADUCTION FRANÇAIS-CHINOIS DES APPELS D'OFFRES ET DES SOUMISSIONS DE LA CONSTRUCTION

建筑工程招投标法语翻译

沈光临＋邱枫＋陈果
＋王珩＋许佳妮　著

东华大学出版社　·上海

图书在版编目（CIP）数据

建筑工程招投标法语翻译 / 沈光临，邱枫，陈果著 . —上海：东华大学出版社，2021.4
ISBN 978-7-5669-1883-3

I. ①建… II. ①沈… ②邱… ③陈… III. ①建筑工程—招标—法语—翻译 ②建筑工程—投标—法语—翻译 ③建筑工程—经济
合同—管理—法语—翻译 IV. ① TU723

中国版本图书馆 CIP 数据核字 (2021) 第 054441 号

策划：巴别塔工作室
责任编辑：沈衡
版式设计：顾春春
封面设计：903design

出版发行：东华大学出版社
社址：上海市延安西路 1882 号，200051
出版社官网：http://dhupress.dhu.edu.cn/
出版社邮箱：dhupress@dhu.edu.cn
淘宝店：http://dhupress.taobao.com
天猫旗舰店：http://dhdx.tmall.com
发行电话：021-62373056
营销中心：021-62193056 62373056 62379558
投稿及勘误信箱：83808989@qq.com

印刷：常熟大宏印刷有限公司印刷
开本：787 mm×1092 mm 1/16
印张：15.75
字数：592 千字
印数：0001- 2000 册
版次：2021 年 4 月第 1 版 2021 年 4 月第 1 次印刷

ISBN 978-7-5669-1883-3
定价：68.00 元

前言

作为工程技术法语系列书籍之一，《建筑工程招投标法语翻译》既是响应国家建立世界命运共同体和"一带一路"的倡议，也是为满足中国建筑行业走进法语国家、开展其业务的相关需求。本书不仅能供法语专业学生学习之用，而且可为从事国际经济技术合作的法语外经人员提供有针对性的帮助。

众所周知，法语国家建筑工程市场的招投标有一系列完整而严格的规定流程、方式、文件要求和专门术语。想在这样的工程招投标中抢占先机，除了必须掌握招投标的基础知识外，更要能深刻理解法语语境下其文件用语的真实含义。在实践中，由于对法语文件理解错误，我们的建筑公司在竞标中失去市场机会的案例比比皆是。所以，本书旨在为读者提供建筑工程法语招投标的基础知识、法语译文的参考、专业术语的诠释，为法语外经人员提供建筑招投标文件翻译的参考范例。

本书主要针对法语专业学生，编撰时充分考虑了法语专业学生的知识基础，将建筑行业招投标方面的专业知识与法语有机融合，以学生能轻松认知的方式呈现。内容上主要包括了招投标基础知识、招投标文件中法文对照、技术文件中法文对照、文件格式呈现、法语术语的中文注释、实物术语的图片展示和汉法／法汉术语对照语料。难度上力求法语专业学生能读懂，我们对真实语料进行了教学化改造，注释简洁明了，且所有实物术语均配有图片，一目了然，增加了学习的趣味性。书后有法汉和汉法的建筑招投标一对一语料，主要收集了两个方面的术语：招投标用语和建筑术语。既可以从法语字母顺序查询，也可以从汉语拼音顺序查询，实用易查。

本书既可作为教学用教材，也可用于自学。作为教材，适合法语专业高年级学生。全书共11个章节，建议每个章节安排四个课时。因所有材料都是真实文件，且有法汉对照，尤其适合于翻转课堂：课前学生可通过法汉对照自主学习教材内容，课堂中教师主要讲解建筑行业背景知识，强化学生的理解。

本书均采用真实素材，所编撰的材料全部源自法语国家建筑工程招投标的真实文件。书中内容，在学习者未来的工作中具有很高的重现率。编者虽对真实素材中很多错误进行了修改，但都尽量保持了素材的真实原貌，可以让读者在自己现在或未来工作的真实场景中见到书中所学。

在本书的编撰过程中，得到了沈衡、刘锦川的大力帮助和支持，在此一并感谢。

本书为国内第一部关于建筑工程招投标法语翻译方面的书籍，参考资料有限，没有同类书籍可以借鉴，又由于作者水平所限，难免有不足或不妥之处，望同行不吝赐教。

编者

2020年9月2日于青城山

Table des matières

目 录

Notions élémentaires sur l'appel d'offres et la soumission

Chapitre 01

在非洲法语国家，中国人承揽的工程与日俱增。绝大多数建筑工程项目须通过招投标方式选定实施者。故作为法语语言服务者应了解建筑工程的招投标规则、流程、术语及文件格式。只有在熟悉驾驭的基础上，才能做出合格的、具有竞争力的标书，从而抢得先机，成功中标，并签下承揽合同。历史上，由于对招标书理解有误，投标书违规，语言表达错误而造成投标失败案例比比皆是，造成损失的情况也不少。

1.1 招标的定义

招标（L'appel d'offres）是指业主（le maître d'ouvrage）通过竞标方式选定工程承包人、材料设备供货人或服务提供人的程序。投标人通过报价参与竞争，业主根据筛选标准选中出价最低者或性价比最优者，与之签订合同。采用招标形式，既可提高签约的效率，也可节约缔约成本，同时也兼顾到公平公正，做到签约透明并让公众信服。

1.2 招标的几种主要形式

招标多出现在政府和国际组织的采购项目中。招标可分两种普通形式和多种特殊形式，而特殊形式招标必须符合一定的条件。当然在不同的国家，有不同的分类和规定。

普通形式是：

公开招标（la procédure ouverte）

小范围招标（la procédure restreinte）

特殊形式有：

竞争议标（la procédure concurrentielle avec négociation）

有告示议标（la procédure négociée directe avec publication préalable）

无告示议标（la procédure négociée sans publication préalable）

小额合同或认可发票（les marchés publics de faible montant – facture acceptée）

联合合同（marché conjoint）

采购站（centrale d'achat）

1.2.1 公开招标

这是一种任何有意愿的经营者均可报价的合同签订程序。所以，它属于一段式招标，因为报价书中含有评标所需的所有资料，招标结束即可与报价最优者签约。当然发标单位（le pouvoir adjudicateur）可根据多项标准（包括价格）选择中标人。

第一章　招投标基础知识

1.2.2 小范围招标

这是一种任何有意愿的经营者均可申请参加投标，而仅有被发标人选中的经营者才能报价的合同签订程序。所以它是二段式招标（选人 / 报价）。其它招标程序与公开招标相同，招标结束即可与报价最优者签约。

1.2.3 竞争议标

这也是二段式招标。在这种招标中，任何有意愿的经营者都可以申请参加投标，但只有被选中的申请者才可以报价，然后与报价者就合同条件进行谈判，最后与报价最优者签约。采用这种招标形式须具备一些条件，如标的（objet）、金额、类别、时间要求、行业保护、保密等。

1.2.4 有告示议标

属于一段式招标。在这种招标中，发标人发出招标告示，任何有意愿的经营者都可以投标，但发标人可根据需要，从中选择一个或数个投标人就合同条件进行谈判。采用这种招标方式对标的金额也有要求。

1.2.5 无告示议标

发标人不发告示，直接选取经营者，让他们报价，然后与他们中的一个或数个就合同条件进行谈判。采用这种形式也需具备一定条件。

1.2.6 小额合同或认可发票

也属于无告示议标形式，只是标的金额更小。在不同国家的规定中，标的金额都有限额规定。发标人直接选取经营者询价，而经营者无需递交投标书或报价书，只需提供标的发票，发标人如认可该发票内容，即可签订合同。

1.2.7 联合合同

由数个招标人联合发起的招标程序。其具体的招标形式可采用上述的任何一种。

1.2.8 采购站

采购站并不是真正意义的招标程序。其将工程所需进行集中定购，包括：购置物资和购买服务，签订工程、物资供应和服务提供合同；也包括辅助采购：物资购置支持服务，如签订合同程序的运行与设计咨询，以招标人的名义起草和管理合同签订程序等。

每个国家对招投标都有自己的立法规定。因而在不同的国家，其招投标的规定也有不同之处。如阿尔及利亚就有一种 “最低能力要求招标（L'appel d'offre avec exigences de capacités minimales）”，只有综合能力符合要求的企业，才有资格参加投标。另外，阿尔及利亚还有 “询标（La consultation）” 的招标模式，即标的在 1200 万第纳尔之内的工程标或 600 万第纳尔之内的咨询标，可以采用 “询标” 方式。询标也存在两种形式：询价交易形式（须至少向三个供应商询价）与简化询价交易形式（只向一个供货商询价，例如在紧急情况、市场垄断的情况下等）。

1.3 招投标各方关系

1.3.1 招标人（l'adjudicateur）

发出招标书、为工程选择施工单位的法人或组织。

1.3.2 投标人（le soumissionnaire）

向招标人提出工程报价的法人。

1.3.3 竞标人（le candidat）

申请参加投标的法人。在二段式招标中，投标人需首先申请获得投标资格，只有被选中可以参加投标的法人才称为"投标人"。

1.3.4 中标人（l'adjudicataire）

被招标人选中来实施工程的投标人。

1.3.5 建设方（le maître d'ouvrage）

工程项目的业主，既是工程的投资者，也是工程的所有者。

1.3.6 业主（le propriétaire ou le copropriétaire）

工程建成后的未来所有者。既可能是建设方，也可能是开发商，也可能是完工工程的购买方。

1.3.7 开发商（le promoteur）

专指工程建成后用于出售的建设方。

1.3.8 咨询方（le maître d'œuvre）

为建设方提供工程方案设计、招投标流程管理，甚至于工程施工监督的法人。

1.3.9 设计方（l'architecte）

为工程施工提供技术图纸的组织。

1.3.10 监理方（le contrôleur）

监督工程施工质量的组织。

1.3.11 咨询工程师（l'ingénieur conseil）

在菲迪克条款框架下，负责监督工程施工质量的专家技术人员。

1.3.12 承包方（l'entrepreneur）

在招投标程序中，为中标签约方。

1.3.13 分包商（le sous-traitant）

与中标方（承包方）签约承揽一部分工程施工的法人。

1.3.14 施工方（le constructeur）

具体负责工程施工的单位，既可是承包方，也可能是分包商。

1.3.15 建筑方（le constructeur）

汉语中相对于建设方的称谓，建设方出资，建筑方施工。

1.4 招投标的主要流程

招投标根据国家的不同，流程上有所区别。二段式招标需先选定投标人，然后再正式投标；而一段式招标是直接开始招标，没有选择投标人的环节。通常招投标有以下环节：

1.4.1 发出招标书（lancer l'appel d'offre）

招标人在正式的媒体上发布招标告示（l'avis de l'appel d'offre），告示中会注明招标人信息、标的、投标条件、以及获取招标书和递交投标书的方式。

1.4.2 审查投标人资格（sélectionner les candidatures）

每项招标对投标人的资质（la qualité）、能力（la capacité）、国籍等均有要求，只有符合投标条件的投标人才有资格购买招标书和缴纳保证金（la garantie）。

1.4.3 收取标书（recevoir les soumissions）

投标人须按规定的时间将投标书送达规定的地点或通过网络发送到规定网站。

1.4.4 评标（évaluer les offres）

招标人根据投标书（la soumission）的报价（l'offre）和施工技术，并按照其权重（la pondération）选出最佳报价者。

1.4.5 开标（notifier le marché）

在正式的媒体上公布中标人。

1.4.6 签订合同（signer le contrat）

签订正式的施工合同。

Avis d'appel d'offres

AVIS D'APPEL D'OFFRES OUVERT n° 60/2012/DRETC

Le 26/02/2013 10:00, il sera procédé, dans les bureaux de Bureaux de Monsieur le Directeur Régional de l'Equipement et du Transport du Grand Casablanca sis à Bd[1] Anoual Derb Ghallef Casablanca 20102 BP[2] 1774 à l'ouverture des plis[3] relatifs à l'appel d'offres sur offre de prix, pour Travaux de construction d'un pont à haubans au PK 1[4] de la RN 11[5] avec raccordement des voies d'accès.

Le dossier d'appel d'offres peut être retiré à Bureaux de Monsieur le Directeur Régional de l'Equipement et du Transport du Grand Casablanca sis à Bd Anoual Derb Ghallef Casablanca 20102 BP 1774, il peut également être téléchargé à partir du portail[6] des marchés https://www.marchespublics.gov.ma/.

Le dossier d'appel d'offres peut être envoyé par voie postale aux concurrents qui le demandent dans les conditions prévues à l'article 19 du décret n° 2.06.388 du 16 moharrem[7] 1428 (5 février 2007) fixant les conditions et les formes de passation[8] des marchés de l'Etat ainsi que certaines règles relatives à leur gestion et à leur contrôle.

Le prix d'acquisition des plans des documents techniques est fixé à 2700 dirhams[9].

Le cautionnement provisoire[10] est fixé à la somme de :
4000000 dirhams.

Le contenu ainsi que la présentation des dossiers des concurrents doivent être conformes aux dispositions des articles 26 et 28 du décret n° 2.06.388 précité.

Les concurrents peuvent :
- soit déposer contre récépissé leurs plis dans le bureau de Bureaux de Monsieur le Directeur Régional de l'Équipement et du Transport du Grand Casablanca sis à Bd Anoual Derb Ghallef Casablanca 20102 BP 1774 ;
- soit les envoyer par courrier recommandé avec accusé de réception au bureau précité ;
- soit les remettre au président de la commission d'appel d'offres au début de la séance et avant l'ouverture des plis.

第二章 招投告示

第 60/2012 号公开招标公告

2013 年 2 月 26 日上午 10∶00 将在大卡萨布兰卡大区装备与交通局局长办公室（地址∶ Anoual Derb Ghallef 大街 20102 号，邮箱 1774）举行开标仪式，公布 11# 国道 PK1 处斜拉桥和引道建设工程的报价。

招标文件可以从大卡萨布兰卡大区装备与交通局局长办公室（地址∶ Anoual Derb Ghallef 大街 20102 号，邮箱 1774）获取，也可以在招标信息公布后，从合同门户网站下载（https://www.marchespublics.gov.ma/）。

根据回历 1428 年穆哈兰姆月 16 日（即公历 2007 年 2 月 5 日）第 2.06.388 号法令第 19 条的规定（该法令涉及政府采购的签约条件和方式，以及有关政府采购管理和监督的规定），招标文件可邮寄给竞标人。

技术文件图纸的购买价格为 2700 迪拉姆。

投标保证金定为∶
4000000 迪拉姆。

标书内容及递交方式均需符合上述第 2.06.388 号政令中的第 26、28 条的要求。

竞标人可以∶

- 将投标文件递交至大卡萨布兰卡大区装备与交通局局长办公室（地址∶ Anoual Derb Ghallef 大街 20102 号，邮箱 1774），并领取签收回执；
- 或是通过带回执挂号信的形式将投标文件提交至上述办公室；或者是在开标会议之初并在开标前将文件递交给招标委员会主席处。
- 或者是在开标会议之初并在开标前将文件递交给招标委员会主席处。

1. Bd: 全称为 "boulevard"，即林荫大道、大路。

2. Bp: 全称为 "Boîte postale"，即信箱代码。

3. l'ouverture des plis: 开标。即公布投标人的名称、报价等内容。

4. PK 1: 千米点，也称公里标。PK 法语全称为 "Point kilométrique"。PK 1 表示距离起点 1 公里的位置。

5. RN 11: 11# 国道。RN 法语全称为 "la route nationale"。RN 11 即表示 11 号国道。

6. portail: 门户网站。是指通向某类综合性互联网信息资源的网站。

7. moharrem: 穆哈兰姆月。是回历（也叫伊斯兰历）中一月的名称。

8. passation: 此处译为 "签约"。

9. dirhams: 迪拉姆（摩洛哥的货币单位）。

10. Le cautionnement provisoire: 此处译为 "投标保证金"。

Il est prévu une réunion le 31/10/2012 10:00 à Direction Régionale de l'Equipement et du Transport du Grand Casablanca sis à Bd Anoual Derb Ghallef Casablanca 20102 BP 1774.

Il est prévu des visites des lieux le 31/10/2012 10:00 à Direction Régionale de l'Équipement et du Transport du Grand Casablanca sis à Bd Anoual Derb Ghallef Casablanca 20102 BP 1774.

Les pièces justificatives à fournir sont celles prévues par l'article 23 du décret n 2-06.388 précité, à savoir :

Dossier administratif comprenant :

- la déclaration sur l'honneur[1] ;
- la ou les pièces justifiant les pouvoirs conférés à la personne agissant au nom du concurrent ;
- l'attestation ou copie certifiée conforme délivrée depuis moins d'un an par l'administration compétente du lieu d'imposition certifiant que le concurrent est en situation fiscale régulière ;
- l'attestation ou copie certifiée conforme délivrée depuis moins d'un an par la CNSS[2] certifiant que le concurrent est en situation régulière envers cet organisme ;
- le récépissé du cautionnement provisoire ou l'attestation de la caution personnelle et solidaire[3] en tenant lieu ;
- le certificat d'immatriculation au registre du commerce.

Dossier technique comprenant :

- une note indiquant les moyens humains et techniques du concurrent, le lieu, la date, la nature et l'importance des prestations[4] qu'il a exécutées ou à l'exécution desquelles il a participé ;
- les attestations délivrées par les hommes de l'art[5] sous la direction desquels les dites prestations ont été exécutées ou par les bénéficiaires publics ou privés des dites prestations avec indication de la nature des prestations, le montant, les délais et les dates de réalisation, l'appréciation, le nom et la qualité du signataire.

Les qualifications exigées sont :

Type	Secteur	Qualifications exigées	Classe
Equipement	22 - Construction d'ouvrages d'art[6]	22.3 - Ouvrages d'art exceptionnels en béton armé maçonnerie[7] autres que les réservoirs	1
Equipement	22 - Construction d'ouvrages d'art	22.15 - Ponts métalliques routiers exceptionnels	1

计划于：2012 年 10 月 31 日上午 10：00 在大卡萨布兰卡大区装备与交通局（地址：Anoual Derb Ghallef 大街 20102 号，邮箱 1774）召开会议。

2012 年 10 月 31 日上午 10：00 在大卡萨布兰卡大区装备与交通局（地址：Anoual Derb Ghallef 大街 20102 号，邮箱 1774）进行实地考察。

按照上述第 2-06.388 号政令第 23 条条款要求，需提供以下证明文件：

行政管理文件包括：

- 荣誉声明；
- 代表竞标人的授权证明；
- 纳税所在地管辖部门一年内出具的纳税证明或认证过的副本，以证明其正常纳税；
- 国家社保局一年内出具的证明或认证过的副本，以证明竞标人向该机构缴费正常；
- 投标保证金的收据或个人连带责任担保证明（可替代前者）
- 工商登记注册证书。

技术资料包括：

- 投标人曾经施工或参与施工的工程说明，其中须注明工程所用人员和采用技术手段、工程地点、日期、类别和工程量。
- 技术专家对其直接指挥的工程所获得的证明，或由工程的获利人（国有或私人）所发放的证明，证明中需注明工程类别、金额、期限、施工时间、评价意见以及签发人的姓名和职务。

所需资质：

类型	领域	所需资质	等级
设备	22- 桥隧工程建设	22.3- 特殊钢筋混凝土砌体桥隧工程，水库除外	1
设备	22- 桥隧工程建设	22.15- 公路特殊金属桥梁	1

1. la déclaration sur l'honneur：荣誉声明。在无可用证明的情况下，对某事进行承诺。

2. CNSS：国家社会保险局。全称为"La Caisse Nationale de Sécurité Sociale"。

3. la caution personnelle et solidaire：个人连带责任担保。连带责任是指当债务人没有履行债务时，债权人可以要求担保人在其担保范围内承担责任。

4.prestations：（竞标人作为承包商提供的）服务，如施工。

5. les hommes de l'art：专家。法语解释为："Un expert dans son métier"。

6. ouvrages d'art：桥隧工程，也包括水坝等大型建筑。法语解释为："Construction de grande taille destinée à établir une voie de communication ou une protection contre les catastrophes naturelles."。

7. Maçonnerie：砌体。由块体和砂浆砌筑的工程。

Chapitre 03

Dispositions générales de la soumission

Article 1 Objet du cahier des charges

Le présent cahier des charges a pour objet : **La *Réalisation d'une Cour de Justice à* _____ *en lot*[1] *unique*.**

Article 2 Procédure de passation du marché

Le présent marché est passé selon la procédure d'appel d'offres national et international restreint, conformément aux articles 23 alinéa 2 et 25 du décret présidentiel N° 02/250 du 24 Juillet 2002, portant réglementation des marchés publics[2] modifié et complété.

Article 3 Soumissionnaires admis à concourir

Le présent appel d'offres s'adresse aux entreprises ou groupement d'entreprises ayant le certificat de qualification et classification professionnelle activité principale bâtiment classée à la catégorie sept (7) ou plus pour les entreprises algérienne ou équivalent pour les soumissionnaires étrangers et justifiant d'un projet réalisé durant les dix dernières années classé à la catégorie « D » de l'arrêté interministériel du 15 Mai 1988 portant modalité d'exercice et de rémunération de la maîtrise d'œuvre en bâtiment modifié et complété.

Pour que leur offre soit admise, les soumissionnaires doivent apporter la preuve qu'ils répondent aux conditions d'éligibilité[3] définies dans l'article 1.2 et qui disposent des capacités et ressources nécessaires pour mener à bien l'exécution du marché. Le critère d'éligibilité ne s'adresse qu'au chef de file[4] néanmoins les autres membres du groupement doivent justifier d'une qualification de catégorie six (6) au minimum.

Les soumissionnaires doivent présenter un état[5] de renseignement dûment complété sur le matériels spécifiques acquis par l'entreprise pour la réalisation des travaux sur lesquels portent sa soumission, la possession de ces matériels sera justifié par une copie soit de la facture d'acquisition soit d'un titre de propriété ou le cas échéant de contrat de location.

Les soumissionnaires sont invités à présenter leurs références accompagnées de toutes les informations utiles relatives à des travaux de même envergure à ceux du

第三章 投标要求

第 1 条 招标细则标的

本招标细则的标的是：＿＿＿＿＿＿＿＿法院建设（单一标段）。

第 2 条 合同签订程序

本合同签订采用国内及国际小范围招标程序，执行关于政府采购的 2002 年 7 月 24 日第 02/250 号总统令第 23 条第 2 节及 25 节的规定（修订）。

第 3 条 投标人资格要求

本招标是针对拥有资质证明的企业或企业联合体。无论是阿尔及利亚企业还是外国投标者，其主营业务应当为建筑业，且具备柒（7）级或以上专业资质等级证书，应提供近十年承建一项 D 类工程的证明，该工程分类是依据关于建筑设计管理实施方式与计费办法的 1988 年 5 月 15 日多部门联合令（修订）。

为使报价能够被顺利接受，投标人应提供证明，证明其满足第 1.2 条中规定的投标资格条件，证明其具备良好地执行合同所必需的能力和资源。该投标资格标准仅适用于联合体中的牵头企业，联合体中其他企业却至少需具备陆（6）级资质。

投标人应提交一份材料清单，该清单应如实填写企业为完成投标工程所购置的专门设备。为证明企业对该类设备的所有权，应提供购置发票，或发票复印件，或权属证，或在必要情况下，提供租赁合同。

投标人可以提供相关证明材料，提供与本招标细则工程同等规模工程的所有信息。此外，投标人还应提供

1. lot: 标段。整体工程拆分为若干个部分，每个部分为一个标段。

2. des marchés publics: 政府采购。

3. éligibilité: 投标资格。

4. chef de file: 牵头企业。法语定义为 "chef de file : personne qui est à la tête d'un groupe"。

5. état: 清单。

présent cahier des charges. Ils devront en outre, fournir la preuve qu'ils seront en mesure de concilier leurs obligations qu'ils contracteront au titre du présent marché avec leur plan de charges de l'exercice[1] en cours.

Article 4 Groupement d'entrepreneurs

Les offres présentées par un groupement de deux ou plusieurs entreprises associées doivent répondre aux conditions suivantes :

(1) Dans le cas où l'offre est retenue, le marché sera signé de telle sorte qu'il engage légalement tous les membres du groupement.

(2) Un des membres du groupement sera désigné comme mandataire principal, il apportera la preuve que cette désignation a été préalablement autorisée en présentant un pouvoir[2] signé par les signataires dûment autorisés de chacun des membres du groupement.

(3) Le mandataire seul représentant du groupement vis à vis de l'administration sera autorisé à assumer les responsabilités et recevoir les instructions de tous les membres du groupement. L'ensemble de l'exécution du marché lui sera exclusivement confiée et une déclaration à cet effet sera jointe à la lettre de soumission. Un exemplaire de la convention liant les membres du groupe sera joint à la lettre de soumission.

Article 5 Documents remis aux soumissionnaires

Les soumissionnaires pourront se procurer le dossier d'appel d'offres auprès de la Direction du Logement et des Equipements Publics de la wilaya d'ORAN.

Pièce n° 1 : Instructions aux soumissionnaires[3] avec en annexes les modèles à remplir.

Pièce n° 2 : Cahier des prescriptions spéciales.

Pièce n° 3 : Bordereau des prix unitaires[4].

Pièce n° 4 : Détail quantitatif et estimatif[5].

Article 6 Caution de soumission[6]

Une caution de soumission supérieure à 01% du montant de l'offre proposée en toutes taxes comprises ou équival ente en devise. A noter que la caution de soumission devra faire partie intégrante de l'offre technique. Celle-là doit être remise dans une enveloppe séparée portant mention (caution de soumission), émise par une banque de droit[7] algérien ou par la caisse de garantie des marchés publics pour les nationaux[8] et pour les entreprises étrangères, elle doit être émise par une banque étrangère de premier ordre et une contre-garantie[9] par une banque de droit algérien.

La caution de soumission de l'attributaire du marché[10] est libérée à la date de la mise en place de la caution de bonne exécution[11].

Toute offre non accompagnée d'une caution de soumission sera rejetée pour non-conformité au dossier d'appel d'offres.

一份证明，以证明其有能力将本年度支出计划与本合同中的义务相衔接。

第 4 条 承包商联合体

由两个或多个合作企业组成的联合体提交的报价应当符合如下条件：

（1）如报价被接受，所签合同应能约束联合体所有成员。

（2）联合体应当指派一个成员作为主要代表企业，该代表企业应当提供授权书，证明该指派事前已获同意。且该授权书需由联合体每个成员签名，签字人需为联合体每个成员正式授权的人员。

（3）该代表企业作为联合体与政府部门来往中的唯一代表，有权承担联合体所有成员的责任和接收其指令。全部的合同履行义务将只交给该代表企业，为此，应当在投标函中附一份声明。还应当随投标函附一份各成员组成联合体的协议。

第 5 条 提供给投标人的文件

投标人应可以在奥兰省公共住宅及装备局获取招标文件。

文件 1：投标人须知，带附件形式的待填模板；

文件 2：特别规定细则；

文件 3：价项说明；

文件 4：工程量清单。

第 6 条 投标保证金

投标保证金额须大于投标全税价金额的 1%，或等值外币。需注意，投标担保应是技术标不可缺少的一部分。前者应单独置于一个文件袋中，且在文件袋上注明"投标担保"。对于国内企业，该担保需由阿尔及利亚法定银行或政府采购担保基金出具。而对于外国企业，则应由外国一流银行出具，并由阿尔及利亚法定银行出具反担保。

在缴纳履约保证金之日，中标者的投标担保即撤销。

任何报价如未附投标担保，将视为与招标文件不符，而被放弃。

1. l'exercice：会计年度。即为进行会计核算的周期，但会计年度起止日期有可能不同于自然年度。

2. pouvoir：授权书、委托书。法语定义为："document par lequel une personne autorise une autre personne à agir à sa place et en son nom"。

3. Instructions aux soumissionnaires：投标人须知。由招标机构编制，说明本次招标的基本程序。投标者应遵循规定和承诺的义务。

4. Bordereau des prix unitaires：价项说明，也被称为价项清单。投标人对工程细项报出的单价。

5. Détail quantitatif et estimatif：工程量清单，也被称为工程量概算。投标人根据招标文件计算出的各细项工程量。

6. Caution de soumission：投标担保。投标人对投标行为的一种保证，需由第三方开出，如银行。

7. de droit：法定，达到法律规定的。法语意为：dont le poids et l'alliage sont conformes à la loi

8. les nationaux：国内企业。此处作为名词解释。

9. une contre-garantie：反担保。指债务人向担保人作出的保证。

10. l'attributaire du marché：中标人。在招投标流程中，授予合同（l'attribution du marché）即代表招标人认可某投标人的标书，故译为"中标人"。

11. la caution de bonne exécution：履约保证金。中标人为保证履约所提交的保证金。

Les cautions de soumissions des offres qui n'ont pas été retenues seront restituées à l'expiration du délai de recours[1].

La caution de soumission pourra être saisie si un soumissionnaire retire son offre au cours du délai de validité des offres, ou bien si le soumissionnaire se retire après signature du marché.

La caution de soumission de l'entreprise non retenue et qui n'introduit pas de recours est restituée un jour après la date de publication de l'avis d'attribution provisoire du marché.

Article 7 Présentation des offres

L'offre du soumissionnaire, ainsi que toute correspondance et documents seront rédigés en langue arabe ou française.

L'offre remise par le soumissionnaire doit être strictement conforme (contenu et forme) aux conditions fixées par le présent cahier des charges.

Toutefois si des suggestions sont à apporter par le soumissionnaire, il devra les consigner en annexes.

Article 8 Date et heure limite de dépôt des offres

Les offres doivent être remises au plus tard à la date limite spécifiée, soit le......... à 12h00.
Les offres doivent être déposées à l'adresse suivante :

DIRECTION DU LOGEMENT ET DES EQUIPEMENTS PUBLICS DE LA WILAYA D'ORAN 09 RUE DJELLAT HABIB–ORAN.

L'ouverture des plis en séance publique aura lieu le même jour à 13.00 heures au siège de la DIRECTION DU LOGEMENT ET DES EQUIPEMENTS PUBLICS DE LA WILAYA D'ORAN - 09 RUE DJELLAT HABIB –ORAN.

Les entreprises soumissionnaires sont cordialement invitées à l'ouverture des plis.

Aucune offre ne sera prise en considération si elle parvient après la date de dépôt des offres.

Le service contractant[2], s'il le juge à propos, peut prolonger la date de dépôt des offres, conformément aux dispositions de **l'article 13,** auquel les droits et obligations du Maître de l'ouvrage et des soumissionnaires précédemment régis par la date initialement arrêtée seront dorénavant régis par la date telle qu'elle a été reportée.

Les modalités d'information des soumissionnaires en cas de prolongation, seront les mêmes que celles utilisées pour la publication de l'avis d'appel d'offres.

未中标报价所附投标担保，将在担保期限结束后退还。

如果投标人在标书有效期内撤回标书（撤标），或投标人在签订合同之后反悔，投标担保将被扣留。

未中标企业的投标担保，如未牵涉索赔，则将在合同临时授予公告发布之日壹天后退还。

第 7 条 标书递交

投标人的报价书以及任何信函和文件应当使用阿拉伯语或法语撰写。

投标人递交的标书应严格遵循本招标细则规定的条件（内容与格式）。

如投标人有任何提议，应以附件形式提出。

第 8 条 递标截止日期及时间

报价书应当在指定时间之前递交，即 ＿＿月＿＿日中午 12：00 点。

报价书应送达如下地址：

奥兰 RUE DJELLAT HABIB 09 号 奥兰省公共住宅及装备局。

公开开标将在奥兰 RUE DJELLAT HABIB 09 号 奥兰省公共住宅及装备局进行，时间为递标截止日当天 13：00。

真挚邀请投标人公司参与开标。

在递标截止日期后不再接受任何报价。

如果发包方认为合适，可按照**第 13 条条款**，将递标截止日期后延。此后，**第 13 条条款**中规定的建设方和投标人应履行权利与义务的期限由最初确定的日期变更为延后的日期。

如需延期，通知投标人的方式将与招标公告的发布方式一致。

1. délai de recours：担保期。

2. Le service contractant：发包方。也可称为签约部门。它通常是甲方或业主。

Article 9 Durée de préparation des offres

La durée de préparation des offres est comprise entre la date de la publication de l'appel d'offres et la date de dépôt des offres.

Article 10 Délai de validité des offres

Les soumissionnaires seront liés leurs offres pour une durée de soixante (60) jours calendriers à compter de la date de dépôt des offres.

Article 11 Monnaie et Montant de l'offre

11.1 Monnaie de l'offre

La lettre de soumission doit indiquer le montant total de l'offre toutes taxes comprises ainsi que le montant total hors taxes. Le montant du marché doit être exprimé en Dinars Algériens pour les nationaux ou en devises pour les entreprises étrangères.

11.2 Montant de l'offre

Sauf indication contraire dans le dossier d'appel d'offres, le marché couvrira l'ensemble des travaux, sur la base du bordereau de prix unitaires et du détail quantitatif et estimatif chiffré présenté par le soumissionnaire. Le soumissionnaire remplira les prix unitaires et totaux de tous les postes les postes[1] : du bordereau de prix unitaires et du détail quantitatif et estimatif. Les postes pour lesquels le soumissionnaire n'a pas indiqué de prix unitaires ne seront pas pris en considération et l'offre sera rejetée.

Article 12 Modification des documents d'appel d'offres

A tout moment précédant la date fixée pour le dépôt des offres, le maître de l'ouvrage peut pour quelques motifs que ce soit, sur sa propre initiative, ou à la suite d'une demande d'éclaircissements[2] présentée par un futur soumissionnaire, modifier les documents de l'appel d'offres en élaborant un additif. Ce dernier doit être transmis à la Commission Nationale des Marchés de travaux avant la date de dépôt des offres pour visa[3].

Article 13 Remise des offres

L'enveloppe extérieure contenant les deux plis (offre technique et offre financière) doit être anonyme sans aucune inscription ou marque permettant l'identification du soumissionnaire et porter seulement la mention suivante : APPEL D'OFFRES NATIONAL ET INTERNATIONAL RESTREINT *Réalisation d'une Cour de Justice à ORAN*.

13.1 Offre technique

Dans une première enveloppe cachetée[4] portant en évidence le nom de l'entreprise où seront inclus :

第 9 条 报价书编制时限

报价书编制时限为招标公告发布之日起至递标截止之日止。

第 10 条 报价有效期

投标人应当在陆拾（60）个自然日内受其报价的约束，该期限从递标截止日起算。

第 11 条 报价货币及报价金额

11.1 报价货币

投标函应标明报价含税总额和税前总额。如投标人为本国企业，合同总金额应当以阿尔及利亚第纳尔为货币单位，如投标人为外国企业，则应为外币。

11.2 报价金额

除非招标文件中有相反规定，在由投标人提供的价项清单和注明数量的估量概算的基础上，本合同将覆盖全部工程。投标人应填写价项清单和估量概算表上所有细目的单价和总价。投标人未填写单价的细目将不予考虑，其标书将被判定为废标。

1. les postes：（表格中的）细项。

第 12 条 招标文件的修改

在递标截止日期之前的任何时候，或根据某未来投标人所提澄清要求，建设方均可以任何理由、自主通过起草附加条款的方式修改招标文件。该附加条款应当在递标截止日期之前转呈工程合同国家委员会签章。

2. une demande d'éclaircissements：澄清要求。投标人有权就招标文件不清的地方，请招标人在截止日期前对相关内容进行解释和说明。

3. visa：签章。

第 13 条 报价书交送

两个标书（技术标和经济标）应当装入一个文件外袋中，且文件外袋应当匿名，无任何可表明投标人身份的说明文字或标记，而仅需注明如下信息：**奥兰法院建设**国内及国际小范围招标。

13.1 技术标

如下文件应单独装入第一个文件袋，其封皮上明确注明企业名称，且封口处加盖封印：

4. cacheté：盖封印。即在文件袋封口处加盖骑缝章。

a) Le cahier des charges (partie technique) dûment rempli par les soumissionnaires.

b) Déclaration à souscrire[1] dûment rempli et signé par le soumissionnaire.

c) Certificat de qualification et de classification professionnelle activité principale bâtiment catégorie sept et plus ou équivalent par le soumissionnaire étranger.

d) Les statuts de l'entreprise[2] ainsi que la liste des principaux actionnaires ou associés.

e) Pour le groupement d'entreprises un contrat liant les diverses entreprises constituant le groupement.

f) Un protocole d'accord désignant un chef de file qui doit être majoritaire dans le groupement pour les entreprises agissant en groupement et définir la part que détient chaque membre.

g) L'extrait de rôle apuré[3] pour les nationaux et pour les entreprises étrangères ayant travaillé en Algérie.

h) La carte d'immatriculation fiscale[4].

i) Les bilans fiscaux des années 2007, 2008 et 2009 certifiés par un commissaire aux comptes et visés par les services des impôts pour les entreprises algériennes ou document équivalent pour les soumissionnaires étrangers visés par les services consulaires[5].

j) L'extrait du registre de commerce immatriculé ou document équivalent pour les étrangers visés par les services consulaires algériens du pays d'origine

k) L'extrait du casier judiciaire de l'entrepreneur ou du gérant datant de moins de 03 mois pour les nationaux et pour les étrangers installés en Algérie.

l) Les références professionnelles[6] dans la réalisation des travaux similaires durant les 05 dernières années. Pour les étrangers les attestations de bonne exécution doivent être validé par les services consulaires algériens du pays d'origine.

m) Une caution de soumission supérieure à 01% du montant de l'offre en toutes taxes comprises ou équivalente en devise.

n) La liste des moyens humains avec C.V + diplôme.

o) Le listing des moyens matériels avec cartes grises, factures d'achat, contrat de location notarié ou contrat de leasing pour le matériel à mettre à la disposition du chantier.

p) Méthodologie et planning prévisionnel des travaux.

q) Document justifiant le dépôt des comptes sociaux conformément à l'article 29 de la loi de finance complémentaire de 2009.

r) Déclaration de probité.

s) Le présent cahier dûment rempli sans mentionner le montant de l'offre.

13.2 Offre financière

Dans une deuxième enveloppe cachetée portant en évidence le nom de l'entreprise devra contenir les documents de la partie financière :

a) La lettre de soumission dûment renseignée cachetée et signée.

b) Le bordereau des prix unitaires.

a) 投标人按照规定填写的招标细则（技术部分）。

b) 投标人按照规定填写并签字的投标声明。

c) 专业资质等级证书，其主要经营范围为建筑，且等级是 7 级或者 7 级以上，或外国投标人的同等资质证书。

d) 公司章程以及主要股东或合伙人的名单。

e) 如为承包企业联合体，需一份组建联合体的合同。

f) 指定牵头单位的协定书。牵头单位应在联合体中所占份额超过半数，并确定联合体每个成员所占份额。

g) 如为本国公司或在阿尔及利亚开展过业务的外国公司，需出具完税凭单。

h) 税务登记卡。

i) 如为阿尔及亚企业，需出具 2007、2008 和 2009 年度的税务报表，且报表需经稽核员认证，并由税务部门签章。如为外国投标人，则要提供同等材料，且由领事机构签章。

j) 注册在案的营业执照，外国公司则提供同等文件，且由其所属国驻阿尔及利亚领事机构签章。

k) 如为本国企业或驻阿尔及利亚的外国企业，需提供企业主或主管人员近叁（3）个月无犯罪证明。

l) 近伍（5）年内同类工程的施工业绩证明。对于外国公司，需提供在其所属国驻阿尔及利亚领事机构认证的履约证明。

m) 投标担保，其额度大于报价（含税）总额百分之一，或者是等值外汇。

n) 人员清单，附简历和文凭。

o) 工地所用的设备清单，附行驶证、采购发票、经公证的租借合同或租赁合同。

p) 工程施工方案（工艺）以及工程计划安排。

q) 社保证明文件，以证明社保账户符合 2009 年度补充财政法案第 29 条规定。

r) 廉洁声明。

s) 按规定填写的本招标细则，且不得提及报价金额。

13.2 经济标

　　如下经济标的文件应单独装入第二个文件袋，其封皮上应带有明显企业名称，且封口处盖封印：

a) 投标函，需按规定填写，签字并盖封章。

b) 价项清单。

---

1. Déclaration à souscrire: 投标声明。用于投标人声明其公司符合招标人的各项要求。包括声明其投标文件的真实性、其公司的归属、近期是否被处罚的情况等内容。

2. Les statuts de l'entreprise: 公司章程。

3. L'extrait de rôle apuré: 完税凭单（证明）。

4. La carte d'immatriculation fiscale: 税务登记卡（税卡）。用于记录交税类型、比例等内容。

5. les services consulaires: 领事机构。由于各国之间外交关系不同，不一定设立领事馆，也有可能设立领事办公室。因此译为"领事机构"。

6. Les références professionnelles: 业绩证明。

c) Le devis quantitatif et estimatif

d) Le devis descriptif

NB[1]:

a) Une fois déposée, aucune soumission ne peut être retirée, complétée ou modifiée.

b) Les offres ne seront pas transmises par poste, elles seront remises par plis portés.

c) Toutes les pièces contenues dans le dossier doivent être légalisées et en cours de validité.

d) Pour les entreprises étrangères, les documents doivent être visés par les services consulaires d'Algérie.

Article 14 FORME ET SIGNATURE DES OFFRES

14.1 Le soumissionnaire préparera les documents constituant son offre en trois exemplaires : Un (01) original et deux (02) copies. En cas de divergences entre l'exemplaire original et la copie, l'original fera foi.

14.2 L'exemplaire Original et les copies de l'offre porteront la signature de la ou les personnes autorisées à engager le soumissionnaire au titre du contrat. L'autorisation sera constituée par un pouvoir donné par écrit et joint à l'offre dans le cas où le signataire de la soumission est autre que le premier responsable de l'entreprise. Toutes les pages de l'offre devront être paraphées par le soumissionnaire.

14.3 L'offre ne comportera aucune modification, surcharge ou suppression à l'exception de celles effectuées conformément aux instructions du service contractant, ou celles qui sont destinées à corriger les erreurs du soumissionnaire, auquel cas telles corrections seront paraphées par le ou les signataire (s) de l'offre.

c) 工程量概算。

d) 概算说明书。

注意:

a) 投标书一旦提交，不得取回、补充或修改。

b) 报价书不得通过邮局寄送，须装入文件袋递交。

c) 资料中所有文件都应合法，且在有效期内。

d) 如为外国企业，文件应该由阿尔及利亚领事机构签章。

第 14 条 标书的格式与签署

14.1 投标人准备报价书一式三份: 壹 (01) 份原件和贰 (02) 份复印件。如遇原件与复印件冲突，以原件为准。

14.2 报价书原件及复印件应由获得授权的人员签章，该人员应有权代表投标人签署合同。如投标书签署人不是企业第一负责人，则应随报价递交一份书面授权书。报价书的所有页面都应由投标人签字。

14.3 标书中不应有任何修改、涂改或删除。但根据发包方指示进行的修改、涂改或删除，或是用于修改投标人错误情况的除外。如遇此种情况，修改处应由报价书签署人签字。

1. NB: 注意。
   NB= Nota Bene = Notez bien。

Chapitre 04 — Ouverture des plis et évaluation des offres

ARTICLE 1 Ouverture des offres techniques et financières

1- Le Maître de l'ouvrage ouvrira les plis comportant les offres techniques et financière en séance publique en présence des soumissionnaires ou leurs représentants qui souhaitent assister à l'ouverture des plis au siège de la DIRECTION DU LOGEMENT ET DES EQUIPEMENTS PUBLICS DE LA WILAYA D'ORAN, pendant laquelle les offres sont lues à haute voix et enregistrées, en même temps que la liste des personnes présentes. Le procès-verbal[1] de la séance doit être dressé et envoyé dans les meilleurs délais à tous les candidats. Un formulaire récapitulatif des informations à obtenir est présenté à l'Annexe I, qui doit faciliter l'ouverture des offres et la préparation du procès-verbal. Il doit être rempli pour chaque offre au fur et à mesure de la lecture des offres pendant la séance d'ouverture. Les informations lues publiquement doivent provenir de l'exemplaire original de l'offre; les montants et autres informations essentielles lus à haute voix doivent être soulignés car ils devront être vérifiés par la suite. Une fois ce procès-verbal remis, la séance d'ouverture des plis est tenue pour terminer.

2- Le président de la commission d'ouverture des plis[2] vérifiera d'abord le caractère anonyme de chaque enveloppe. Toute enveloppe portant des indices permettant d'identifier son expéditeur, sera écartée immédiatement et considérée comme non conforme.

3- Le président de la commission d'ouverture des plis ouvrira ensuite chaque enveloppe extérieure, il annoncera le nom du soumissionnaire, ouvrira l'enveloppe intérieure portant l'offre technique et annoncera la liste des pièces remises dans cette enveloppe ensuite il ouvrira l'enveloppe intérieure portant offre financière et annoncera le montant et les délais proposés par les soumissionnaires.

4- Le président de la commission d'ouverture des plis établira un procès-verbal de la séance d'ouverture des enveloppes, en dressant un tableau de toutes les pièces contenues dans l'offre.

第四章 开标和评标

第 1 条 技术标和经济标的开启

    1- 建设方将在奥兰省住房及公共设施局开启技术标书和经济标书，该开标会将在有意参会的投标人或其代表出席的情况下当众开标。在此期间，将大声宣读并记录所有报价及到会人员名单，需撰写会议纪要并尽快发送给所有竞标人。信息汇总表作为会议纪要的附件一，可简化开标过程和方便会议纪要的撰写。在开标会议上，随读随记，须在汇总表中记录每一个报价，当众读出的内容应出自报价书原件。金额和其他重要信息在高声唱读时必须加以强调，以备日后核实。会议纪要一旦提交，即视为开标会结束。

1. Le procès-verbal: 会议纪要。指的是在会议记录的基础上整理出来的介绍性文件。

    2- 开标委员会主席将首先检查每个封套是否符合匿名要求。任何带有能识别发件人印记的信封将立即被剔除并被视为不合规。

2. la commission d'ouverture des plis: 开标委员会。在招、投标活动中，有关于技术、经济等方面的专家组建。

    3- 随后，开标委员会主席将打开每个外封套，公布投标人的姓名，打开标有技术标的内封套，并公布该信封中文件清单，然后将打开标有经济标的内封套，公布投标人提供的报价和施工期限。

    4- 开标委员会主席将撰写会议纪要并将报价书中所有文件制表罗列。

ARTICLE 2 Evaluation des offres

L'évaluation des offres se déroulera en deux phases, la première concerne l'évaluation des offres techniques et la deuxième l'évaluation des offres financières. Pendant que le comité d'évaluation examine les offres techniques, les offres financières restant scellées. Chaque évaluateur attribue une note à chaque offre technique sur un score maximum de 100 points, conformément au système de notation (qui précise les critères et sous-critères techniques et leur pondération) au-dessous.

ARTICLE 3 Caractère confidentiel de la procédure d'examen et d'évaluation des offres

Aucune information relative à l'examen, aux éclaircissements, à l'évaluation, à la comparaison des offres et aux recommandations relatives à l'attribution du marché ne pourra être divulguée aux soumissionnaires ou à toute autre personne étrangère à la procédure d'examen et d'évaluation, après l'ouverture des plis et jusqu'à l'annonce de l'attribution provisoire du marché au soumissionnaire retenu.

Toute tentative effectuée par un soumissionnaire pour influencer le Maître de l'ouvrage[1] au cours de la procédure de l'examen, d'évaluation et de comparaison des offres et dans sa décision relative à l'attribution du marché conduira au rejet de l'offre de ce soumissionnaire.

ARTICLE 4 Correction des erreurs pour la comaraison des offres[2] :

Les offres qui ont été reconnues conformes au dossier d'appel d'offres seront vérifiées par le service contractant[3] pour en rectifier les erreurs de calcul éventuelles. Les erreurs seront corrigées par le service contractant de la façon suivante :

a)- Lorsqu'il existe une différence entre le montant en chiffres et le montant en lettres, le montant en lettres fera foi.

b)- Lorsqu'il existe une différence entre un prix unitaire et le montant total obtenu en effectuant le produit[4] du prix unitaire par la quantité, le prix unitaire cité fera foi, à moins que le service contractant n'estime qu'il s'agit d'une erreur grossière de virgule dans le prix unitaire, auquel cas le montant total cité fera foi et le prix unitaire sera corrigé. La marge d'erreur tolérée est de 10 % en plus ou en moins du montant de l'offre.

Critère technique :

Noté sur (100 points) réparti comme suit :

Outre la conformité au dossier d'appel d'offre la préqualification[5]des entreprises sera basée sur des critères d'évaluation et un système de notation des offres techniques, totalisant cent (100) tel que défini ci-dessous.

La note technique pour que l'offre du soumissionnaire soit recevable devra être égale ou supérieure à 70 points sur 100. Le projet sera confié à l'entreprise ayant présenté l'offre financière la moins disante[6].

第 2 条 评标

评标分两个阶段进行，第一阶段进行技术标评估，第二阶段进行经济标评估。在评标委员会对技术标审评时，经济标书处于密封状态。每位评估员根据下面的评分体系（其中有明确的大项和分项评标标准及其权重），为每个技术标进行百分制评分。

第 3 条 审标及评标过程的保密事项

开标直至中标临时合同授予公告公示为止，不得向投标人或与审标无关人员披露与审查、澄清、评估、报价比选和合同授予推荐意见有关的信息。

在投标文件的审查、评估和报价比选以及合同授予决定过程中，如投标人对建设方有任何施加影响的行为，则该投标人的报价将被否决。

第 4 条 报价比选前的错误修正

经检查符合招标文件要求的标书将由签约部门进行检查，并纠正其中所有计算错误。签约部门将按如下方式纠正错误：

a)- 如果金额的小写与大写不相符，则以大写为准。
b)- 如果单价与乘以数量后的总金额不符，则以单价乘以数量所得金额为准，除非签约单位认为单价金额有明显的小数点错误，此时应以标出的总价为准，并修改单价。可允许的误差范围为报价金额的 10%。

技术标评分标准：

各项分数如下（总计 100 分）：

预选承包企业，首先须审查是否符合招标文件的要求。除此之外，还须根据如下的技术标评标标准和评分体系进行打分，总分为 100 分。

投标单位报价中的技术标得分应等于或高于 70 分（总分 100 分）。否则，不得选取。项目将交给经济标报价最低的企业。

1. le Maître de l'ouvrage：建设方。可能是业主、开发商或代理。

2. La comparaison des offres：报价比选。

3. le service contractant：签约部门。指政府发包部门。

4. le produit：乘积：résultat de la multiplication de (deux nombres)。

5. la préqualification：预选。指招投标过程中承包商对投标人进行定期规范的资格审查。

6. l'offre la moins disante：最低报价。即标书金额报价最低。

SYSTEME DE NOTATION
LES CRITERES D'EVALUATION

DESIGNATION	Modalités sur les critères de notation	Notation	Notation totale
OFFRE TECHNIQUE	Expérience de l'entreprise	15	**100**
	Mémoire technique (Méthodologie de travail, planning de phasage des travaux)	05	
	Expérience et qualification du Personnel responsable	30	
	Délai d'exécution	10	
	Moyens en matériel	30	
	Capacité financière	10	
OFFRE FINANCIERE	Le Montant de l'offre financière n'est pas tributaire d'une notation Le projet est confié à l'entreprise techniquement recevable ayant présenté l'offre la moins disante		

NOTATION DE L'OFFRE TECHNIQUE (SUR 100 Points)

Concernant les offres techniques présentées par des groupements, chaque entreprise du groupement sera notée selon les critères mis en place. Chaque critère lui sera attribué la meilleure notation obtenue parmi les entreprises constituant le groupement[1].

Concernant la sous-traitance[2], les entreprises de sous-traitances, ne seront pas concernées par la notation.

A. Expérience de l'entreprise ···························· 15 Points

Les principaux projets classés à la catégorie « D » de l'arrêté interministériel n° du 15 Mai 1988 portant modalité d'exercice et de rémunération de la maîtrise d'œuvre en bâtiment modifié et complété, réalisés par l'entreprise durant les dix dernières années (à justifier par des Attestations de bonne exécution délivrées par les Maîtres d'Ouvrage avec indications des montants) et ce comme suit :

a) supérieure à 05 projets ···························· 15 Points
b) 04 projets ···························· 12 Points
c) 03 projets ···························· 09 Points
d) 02 projets ···························· 06 Points
e) 01 projet ···························· 03 Points

B. Méthodologie et planning de phasage des travaux ··········· 05 Points

a) Méthodologie bien détaillée ···························· 05 Points

- Ordonnancements des travaux avec phasage détaillé indiquant la combinaison des moyens humains, des moyens matériels et l'approvisionnement du chantier pour un délai raisonnable.

评分体系

评标标准

类别	评分项目	分值	总分
技术标	企业的经验	15	100
	技术方案（施工工艺和进度安排）	05	
	管理人员经验和资质	30	
	施工期限	10	
	设施	30	
	财务能力	10	
经济标	经济标的报价金额无需评分 本项目将选择技术达标、报价最低的企业		

技术标评分（百分制）

如果是联合体的技术标，将根据设定的标准对该联合体的每个公司评分。每个公司每项标准的最高分将作为该联合体的得分。

关于分包，分包公司不涉及到评分。

A. 企业经验 ·· 15 分

按照 1988 年 5 月 15 日有关建筑施工方式、建筑设计监理报酬的部际政令（修改与补充版）的规定，属于 D 级的项目。最近十年，企业完成的 D 级项目数量（须提供建设方的施工优良证明，并注明项目金额），评分如下：

a) 5 个项目以上 ·································· 15 分
b) 4 个项目 ······································· 12 分
c) 3 个项目 ······································· 09 分
d) 2 个项目 ······································· 06 分
e) 1 个项目 ······································· 03 分

B. 施工工艺和进度安排 ······················· 05 分

a) 工艺安排好 ···································· 05 分
  - 详细的分阶段工程安排，说明了在合理期限内，施工人员、设备和材料的配搭。

1. le groupement: 联合体。即承包单位与其他单位联合，以一个投标人的身份参与投标。

2. la sous-traitance: 分包。即承包者把所承包工程的一部分再分给他人承包。

b) Méthodologie assez bien détaillée ·· 03 Points
- Ordonnancements des travaux avec phasage détaillé sans indication de la combinaison du moyen humain, du moyen matériel et l'approvisionnement du chantier.

c) Méthodologie insuffisante ·· 00 Point
- Ordonnancement des travaux sans phasage et sans indication de la combinaison des moyens.

C. Expérience et Qualification du personnel clé ·················· **30 Points**

C1. Chef de projet (Architecte ou ingénieur en génie civil[1]) ·················· 10 Points

Expérience supérieure ou égale à 20 ans ·························· 10 Points

Expérience inférieure à 20 ans et supérieure à 15 ans ············· 07 Points

Expérience inférieure à 15 ans ·································· 00 Point

C2. Ingénieurs spécialisés ·· 20 Points

- 01 Ingénieur en génie civil ·································· 05 Points

Expérience égale ou supérieure à 20 ans ······················ 05 Points

Expérience supérieure à 15 ans et inférieure à 20 ans ············ 04 Points

Expérience supérieure à 10 ans et inférieure à 15 ans ············ 03 Points

Expérience inférieure à 10 ans ·································· 00 Point

- 02 Ingénieur en topographie[2] ································ 05 Points

Expérience supérieure à 20 ans ································ 05 Points

Expérience supérieure à 15 ans et inférieure à 20 ans ············ 04 Points

Expérience supérieure à 10 ans et inférieure à 15 ans ············ 03 Points

Expérience inférieure à 10 ans ·································· 00 Points

-03 Ingénieur en VRD[3] ··· 05 Points

Expérience supérieure à 20 ans ································ 05 Points

Expérience supérieure à 15 ans et inférieure à 20 ans ············ 04 Points

Expérience supérieure à 10 ans et inférieure à 15 ans ············ 03 Points

Expérience inférieure à 10 ans ·································· 00 Point

D. Délai de réalisation ·· **10 Points**

Le délai le plus court se verra attribuer la note complète de 10 points.

Pour les autres soumissionnaires, il leur sera appliqué la règle de trois[4] pour l'attribution de la note relative au délai d'exécution.

Note à attribuer suivant la formule

$$N = \frac{\text{Délai le plus court x 10}}{\text{Délai de soumission}}$$

b) 工艺安排较好 ···03 分
   - 详细的分阶段工程安排：没有说明施工人员、设备和
     材料的配搭。
c) 工艺安排不足 ···00 分
   - 工程安排未分阶段，也未说明配搭。

C. 关键人员的经验和资质 ··· **30 分**

C1. 项目经理（建筑设计师或土木工程师）················10 分

经验高于或等于 20 年 ·····························10 分

经验高于 15 低于 20 年····························07 分

经验低于 15 年 ···00 分

C2. 专业工程师···20 分

- 01 土木工程工程师 ···································05 分

经验高于或等于 20 年 ·····················05 分

经验高于 15 低于 20 年····················04 分

经验高于 10 低于 15 年····················03 分

经验低于 10 年 ·······························00 分

- 02 地质勘测工程师 ···································05 分

经验高于或等于 20 年 ·····················05 分

经验高于 15 低于 20 年····················04 分

经验高于 10 低于 15 年····················03 分

经验低于 10 年 ·······························00 分

-03 市政管网工程师 ····································05 分

经验高于或等于 20 年 ·····················05 分

经验高于 15 低于 20 年····················04 分

经验高于 10 低于 15 年····················03 分

经验低于 10 年 ·······························00 分

D. 施工期限 ··· **10 分**

施工期限最短的报价将获得 10 分的满分。

对于其他投标人，将采用三率法计算，给出工期得分。

根据如下公式计算得分：

$$N = \frac{\text{最短施工期限} \times 10}{\text{该投标者的施工期限}}$$

1. ingénieur en génie civil：土木工程师。从事普通工业与民用建筑物、构筑物建造施工的设计，组织并监督施工的工程技术人员。

2. Ingénieur en topographie：地质勘测工程师。指从事资源勘查与评价、工程勘察、设计、施工、监理等工作的工程师。

3. Ingénieur en VRD：Ingénieur en Voirie et Réseaux Divers，市政管网工程师。指从事市政工程专业的设计、施工、管理的工程师。

4. la règle de trois：三率法。已知所有数、所有率与所求率三项，而计算所求数的方法。

E. Appréciation sur les moyens matériels prévus pour le projet ·············· 30 Points

Matériels	Nombre	Age du matériel	Propriété de l'entreprise	Leasing[1]	Location[2]
Grue Mobile[3] Capacité de levage 15 tonnes minimum	Supérieur ou égal à 01	-Moins de 05 ans -Supérieur à 05 ans et inférieur à 10 ans -Supérieur à 15 ans	04 02 00	03 1,5 00	02 0,75 00
Grue Fixe[4] 1020 Capacité de levage 15 tonnes minimum	Supérieur ou égal à 03	-Moins de 05 ans -Supérieur à 05 ans et inférieur à 10 ans -Supérieur à 15 ans	06 03 00	4,5 2,25 00	03 1,5 00
Centrale à béton[5] Production minimum 10 m^3 par heure	Supérieur ou égal à 01	-Moins de 05 ans -Supérieur à 05 ans et inférieur à 10 ans -Supérieur à 15 ans	06 03 00	4,5 2,25 00	03 1,5 00
Camion Malaxeur[6] Capacité de transport 6 m^3 au minimum	Supérieur ou égal à 05	-Moins de 05 ans -Supérieur à 05 ans et inférieur à 10 ans -Supérieur à 15 ans	03 1,5 00	03 1,5 00	2,25 1,12 00
Camion semi-remorque à benne[7] ou plateau[8] Capacité de 6 tonnes au minimum	Supérieur ou égal à 03	-Moins de 05 ans -Supérieur à 05 ans et inférieur à 10 ans -Supérieur à 15 ans	02 01 00	02 01 00	1,5 0,75 00
Camion de transport[9] Capacité de 20T au minimum	Supérieur ou égal à 05	-Moins de 05 ans -Supérieur à 05 ans et inférieur à 10 ans -Supérieur à 15 ans	02 01 00	02 01 00	1,5 0,75 00
Bulldozer[10]	Supérieur ou égal à 01	-Moins de 05 ans -Supérieur à 05 ans et inférieur à 10 ans -Supérieur à 15 ans	03 1,5 00	2,25 1,12 00	1,5 0,75 00
Chargeur[11]	Supérieur ou égal à 01	-Moins de 05 ans -Supérieur à 05 ans et inférieur à 10 ans -Supérieur à 15 ans	02 01 **00**	1,5 0,75 00	01 0,50 00
Pelle hydraulique[12]	Supérieur ou égal à 01	-Moins de 05 ans -Supérieur à 05 ans et inférieur à 10 ans -Supérieur à 15 ans	02 01 00	1,5 0,75 00	01 0,50 00
TOTAL			30 Points	22,5 Points	15 Points

E. 项目所用设备的评分 ························· 30 分

所有设备	数量	设备年限	公司自有	来自租赁	来自租借
汽车吊 起重能力大于 15 吨	多于或等于 01	- 5 年以内 - 5—10 年 - 15 年以上	04 02 00	03 1.5 00	02 0.75 00
固定起重机 1020 起重能力大于 15 吨	多于或等于 03	- 5 年以内 - 5—10 年 - 15 年以上	06 03 00	4.5 2.25 00	03 1.5 00
混凝土搅拌站 每小时最低产量 10 立方米	多于或等于 01	- 5 年以内 - 5—10 年 - 15 年以上	06 03 00	4.5 2.25 00	03 1.5 00
混凝土搅拌车 运输能力 6 立方米 以上	多于或等于 05	- 5 年以内 - 5—10 年 - 15 年以上	03 1.5 00	03 1.5 00	2.25 1.12 00
半挂自卸车或半挂 平板车 载重 6 吨以上	多于或等于 03	- 5 年以内 - 5—10 年 - 15 年以上	02 01 00	02 01 00	1.5 0.75 00
运输卡车 载重 20 吨以上	多于或等于 05	- 5 年以内 - 5—10 年 - 15 年以上	02 01 00	02 01 00	1.5 0.75 00
推土机	多于或等于 01	- 5 年以内 - 5—10 年 - 15 年以上	03 1.5 00	2.25 1.12 00	1.5 0.75 00
装载机	多于或等于 01	- 5 年以内 - 5—10 年 - 15 年以上	02 01 00	1.5 0.75 00	01 0.50 00
液压挖掘机	多于或等于 01	- 5 年以内 - 5—10 年 - 15 年以上	02 01 00	1.5 0.75 00	01 0.50 00
总分			30 分	22.5 分	15 分

1. Leasing: 来自租赁。指的是融资租赁，即长期租赁形式，租期可为设备的整个生命周期，以代替直接购买，类似于"分期购买"。承租人拥有设备的所有权，设备的保养、维修等技术服务由承租人承担。
2. Location: 来自租借。指的是经营租赁，融资租赁的对称，即短期租赁形式，出租人不仅向承租人提供设备使用权，还需提供设备的保养、维修等技术服务的一种租赁形式。
3. Grue Mobile: 汽车吊。是装在普通汽车底盘或特制汽车底盘上的一种起重机。
4. Grue Fixe: 固定起重机。固定在基础上或支承在基座上只能原地工作的起重机械。
5. Centrale à béton: 混凝土搅拌站。由多种系统组成的用来集中搅拌混凝土的联合装置。
6. Camion Malaxeur: 混凝土搅拌车。来运送混凝土的专用卡车，装置圆筒型的搅拌筒以运载混合后的混凝土。
7. Camion semi-remorque à benne: 半挂自卸车。半挂车指轴置于车辆重心之后，通过牵引销与半挂车头相连接的一种重型运输交通工具。自卸车指通过液压或机械举升而自行卸载货物的车辆。
8.Camion semi-remorque à plateau: 半挂平板车。
9. Camion de transport: 运输卡车。
10. Bulldozer: 推土机。
11. Chargeur: 装载机。
12. Pelle Hydraulique: 液压挖掘机。

43

L'état matériel doit être justifié par la copie de la carte grise[1] légalisée au nom du cocontractant[2] pour le matériel roulant et des factures d'achats pour le matériel non roulant.

Nb : tout état des moyens, matériel non accompagnés des justifications suscitées sera rejeté.

F. Capacité financière de l'entreprise ·· 10 Points

Chiffre d'affaires des trois dernières années fiscales (la moyenne du chiffre d'affaires des trois dernières années 2007, 2008 et 2009) comme suit :

a) égal ou supérieur à 1 400 000 000, 00 ou équivalent en devises ················· 10 Points

b) égal à 1 000 000 000, 00 et inférieur à 1 400 000 000, 00 ou équivalent en devises ·· 07 Points

c) égal à 500 000 000, 00 et inférieur à 1 000 000 000, 00 ou équivalent en devises ······· 04 Points

d) inférieur à 500 000 000,00 ou équivalent en devise ································ 00 Point

NOTA :

Seuls les soumissionnaires dont les offres techniques auront obtenu une note égale ou supérieure à Soixante-Dix (70) points seront retenus c'est-à-dire pré qualifiés et leurs offres financières prises en considération.

EVALUATION DES OFFRES FINANCIERES

Après vérification et études comparatives, les offres financières seront classées selon le montant proposé (du moins disant au plus disant).

Le marché sera attribué au soumissionnaire sélectionné ayant présenté l'offre la moins disante.

CHOIX DE L'ENTREPRISE

Le marché sera attribué au soumissionnaire qui aura obtenu une note technique supérieure ou égale à soixante-dix (70) points sur un barème de notation de 100 points, et ayant présenté l'offre financière la moins disante.

Dans le cas d'égalité de l'offre financière le marché sera attribué au soumissionnaire ayant obtenu la meilleure offre technique.

ARTICLE 5 Droit Reconnu[3] Au Service Contractant De Rejeter Une Offre[4]

Nonobstant les conditions d'ouverture et évaluation des offres décrites à l'article 2 ci-avant, obligeant les parties à respecter leurs engagements mutuels, le contractant[5] se réserve le droit :

• De disqualifier, au niveau de l'étape évaluation des offres techniques, les soumissionnaires dont les offres sont notées à moins de 70 points.

• Toute offre ayant cumulé plus de 10 % du montant de l'offre d'erreur en plus ou en

设备状况须有签约人名下的机动装备合法行驶证的副本作为证明，非机动装备须提交购置发票作为证明。

注意：未提供前述证明的机具和装备将不得分。

F. 企业财务能力·······························10 分

近三年（即 2007 年，2008 年和 2009 年，该三年平均营业额）的营业额评分如下：

a) 等于或大于 1,400,000,000.00 或等值货币··········10 分

b) 1,000,000,000.00 至 1,400,000,000.00 之间或等值货币 ·························· 07 分

c) 500,000,000.00 至 1,000,000,000.00 之间或等值货币·························· 04 分

d) 低于 500,000,000.00 或等值货币··············00 分

注意:

只有技术标得分等于或高于 70 分的投标人才可被选留，即通过预选并评估其经济标。

经济标评估

经过核实和比较后，将根据提交的报价金额对经济标进行排名（从最低到最高）。

合同将被授予给提交最低报价的投标人。

承包商的选择

合同将授于技术标得分等于或高于 70/100、且报价最低的投标人。

若经济标相等，合同将授予给技术标得分更高的投标人。

第五条 签约部门的弃标公权

尽管有上述第二条所规定的开标和评标条款，且强制要求各方遵守彼此承诺，但发包商仍保留以下权利：

- 在技术标的评估阶段，淘汰得分低于 70 分的投标人。
- 错误金额累计超出 10% 的任何报价，无论多算或少算，将被剔除。

1. La carte grise: 行驶证。指准予机动装备在境内道路上行驶的法定证件。

2. cocontractant: 签约人。即合同签约方，这里指中标方。

3. Droit Reconnu: 公认权力。指被公众一致承认的权力。

4. Rejeter Une Offre: 弃标。指投标文件内容因有重大问题而未能达到招标文件要求被放弃。

5. le contractant: 发包商。即业务的发出方，有时也称甲方。

moins sera écartée.

L'entreprise s'engage à mettre, dès l'ouverture du chantier[1] le matériel nécessaire pour lequel elle a été retenue, auquel cas le marché lui sera retiré et la caution de soumission ne sera pas restituée.

En outre en application des dispositions[2] de l'article 111 décret présidentiel n° 02/250 de 24/07/2002 modifié et complété portant réglementation des marchés publics, le service contractant peut rejeter l'offre retenue, s'il est établi que l'attribution du projet entraînerait une domination du marché[3] par le partenaire retenu.

De même, le service contractant conserve le droit d'annuler la procédure d'appel d'offres ou de rejeter l'ensemble des offres.

Si l'offre du moins disant, retenue provisoirement parait anormalement basse, le service contractant peut la rejeter par décision motivée après avoir demandé par écrit les précisions qu'il juge utile et vérifié les justifications fournis.

Annexe I Séance d'ouverture des offres (Informations sur les offres)
(Lecture à haute voix)

Référence du marché :_____

Date d'ouverture du pli : _____ Heure :_____

Nom du soumissionnaire : _____

1)L'enveloppe extérieure de l'offre est-elle cachetée ?

2)Le formulaire d'offre est-il dûment rempli et signé ?

3)Date d'expiration de la validité de l'offre :_____

4)La preuve que les signataires sont dûment autorisés est-elle incluse ?

5)Montant de la Garantie de la soumission (le cas échéant) : _____

  a)(indiquer la monnaie) et nom de l'institution émettrice : _____

6)Description des demandes de substitution d'offre, retrait ou modification : _____

7)Description des offres de rabais ou de modification : _____

8)Autres remarques 1 :_____

9)Nom du soumissionnaire ou de son représentant présent à l'ouverture des plis :

10)Prix total de l'offre2 : _____

Signature du responsable :_____ Date:_____

Notes :

1. Par exemple les numéros des modèles des équipements.

2. Si l'offre porte sur un groupe de marchés, le prix de chaque marché ou lot doit être lu à haute voix.

承包企业承诺在开工后立即将所需设备投入使用，否则将解除合同，且投标保证金将不予退还。

此外，根据 2002 年 7 月 24 日关于政府采购的第 02/250 号总统令（修订完善版）的第 111 条条款，如果证实本项目的授予可能造成所选合作伙伴的市场支配地位，则签约部门可放弃选中的报价。

同样，签约部门也有权取消招标或放弃所有报价。

如果临时选中的报价价格异常低，签约部门可以要求投标方做出必要的说明，并在对所提交的证明材料进行审核后，有理有据地决定放弃该报价。

1. l'ouverture du chantier：开工。

2. des dispositions：条款。

3. une domination du marché：市场支配地位。指企业在特定市场上所具有的某种程度的支配或者控制力量。

附件 I 开标会（报价信息）
（高声宣读）

合同编号：＿＿＿＿＿＿＿＿＿＿＿＿＿＿＿＿＿＿＿

开标日期：＿＿＿＿＿＿＿＿＿＿＿ 时间：＿＿＿＿＿＿＿

投标人姓名：＿＿＿＿＿＿＿＿＿＿＿＿＿＿＿＿＿

1) 报价外封套是否盖封印？

2) 报价表格是否填写正确并签字？

3) 报价有效期到期日：＿＿＿＿＿＿＿＿＿＿＿＿＿

4) 是否有正式授权签字人的证明？

5) 投标保证金金额（如适用）：＿＿＿＿＿＿＿＿＿＿

   a)（标明货币）和签发机构名称：＿＿＿＿＿＿＿＿

6) 请求替换、撤回或修改报价的说明：＿＿＿＿＿＿＿

7) 报价折价或修改说明：＿＿＿＿＿＿＿＿＿＿＿

8) 其他说明 1：＿＿＿＿＿＿＿＿＿＿＿＿＿＿＿＿＿

9) 投标人或其出席开标会的代表姓名：＿＿＿＿＿＿＿

10) 报价总额 2：＿＿＿＿＿＿＿＿＿＿＿＿＿＿＿＿

负责人签名：＿＿＿＿＿＿＿＿＿ 日期：＿＿＿＿＿＿＿

注释：

1. 例如设备的类型编号。

2. 如果报价涉及一组合同，则必须高声宣读每个合同或每一标段的报价。

Descriptif des travaux (I)

第五章　工程说明（一）

1. Grande masse：大开挖。基础面整个满挖，不是只挖沟或槽。

2. Tranchées：沟槽。浇筑条形基础的地方。

3. Gros œuvre: 主体工程。含混凝土、钢筋、模板、砌筑、木结构、网架结构等。

4. béton armé：钢筋混凝土。也称钢筋砼。砼即混凝土。

5. Résistance du béton：砼强度。即混凝土的抗压强度。

6. Liants hydrauliques：水硬性胶凝材料。是指在建筑工程中能将散粒材料（如砂、石）或块状材料（如砖、瓷砖等）胶结成一个整体的材料。它不仅能在空气中，而且能更好地在水中硬化，保持并继续发展其强度，如各种水泥。

7. armature：钢筋骨架。指预先或现场帮扎好的立体的钢筋组合，又称"钢筋笼"、"钢筋网"等。

8. Agrégat：骨料。在砂浆或者砼中起骨架或填充作用的粒状松散材料,如卵石、碎石、砂子。

9. Coffrages：模板。一种临时性支护结构,按设计要求制作，使混凝土结构、构件按规定的位置、几何尺寸成形。

10. Infrastructure：下部结构。指建筑物的基础部分，一般埋在地下。

11. Béton de propreté：素混凝土。指无钢筋的混凝土。

12. Maçonnerie：砌体。指由块体和砂浆砌筑而成的墙或柱。

> ### Lot 04 Revêtement Sol et Murs
> 01 Revêtements de sol
> 02 Revêtement mural
>
> ### Lot 05 Etanchéité

Lot 01 Terrassement

01 Grande masse

- Les mouvements des terres (déblais, remblais, en grande masse) exécutés mécaniquement suivant les cotes[1] fixées aux plans du projet, la plate-forme devra présenter une surface uniforme.
- Plus value[2] pour terrassements dans terrain rocheux nécessitant l'utilisation:
  a. de marteau piqueur[3] pour fouilles en puits[4] ou en rigoles[5].
  b. de brise roche[6] pour fouilles en grande masse.
  c. d'explosif pour fouilles en grande masse.

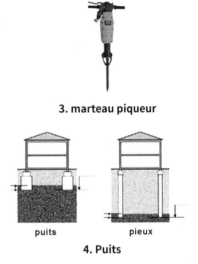

3. marteau piqueur

puits   pieux

4. Puits

02 Fouilles En Tranchées

Fouilles en rigoles ou en tranchées à toutes dimensions indiquées sur plan et à toutes profondeurs suivant la côte demandée.

Les fouilles en tranchées pour recevoir les conduites diverses destinées aux V.R.D.[7] elles seront exécutées aux côtes fixés au plans du projet.

03 Remblais et Déblais

Le remblaiement des fondations sera réalisé par couche successive de 0,20m bien pilonnées et tassées.

Il sera exécuté par les terres provenant des fouilles, l'excédent de ces dernières sera transporté à la décharge publique. Nettoyage du terrain d'assiette[8] et évacuation des déblais et des terres et des dépôts existants sur site à décharge publique. Transport des terres provenant des terres des déblais en excédent à décharge publique sur un relais de 5km sans majoration[9] de foisonnement[10].

Les terres de remblais seront sélectionnées et exemptes de toutes impuretés.

标段 4　墙体 / 地坪罩面
　　01 地坪罩面
　　02 墙体罩面

标段 5　封闭

标段 1　土石方工程

01 大开挖

- 按照项目位置图标筑的标高，使用机械动土（大开挖的清运和回填），基础地台应在同一个平面。
- 在岩石地开挖需用以下器具的追加额：
   a. 用于竖井开挖或地沟开挖的风镐 .
   b. 用于大开挖的碎石机 .
   c. 用于大开挖的炸药 .

02 沟槽开挖

　　根据图纸标出的尺寸，并按照所要求的标高深度，进行地沟开挖或槽开挖。

　　铺设管线的沟槽开挖，须遵循项目图纸规定的标高。

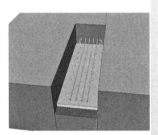

5. Rigoles

03 回填和余土清运

　　基础回填应分层进行，每层的厚度为 20cm，须层层夯实、压紧。

　　应利用开挖的土方回填，余土清理须运至公共垃圾场。清理基坑底面，并将所挖土方、现场土渣和堆码杂物清运至公共垃圾场。将开挖出的多余土运至 5 公里内的公共垃圾场，不得为土方膨松而增加的方量增加费用。

　　回填土应当经过挑选，不得含有杂质。

1. Cote：标高。指建筑物某点到首层地面之间的直线距离。也称为相对标高。

2. Plus value：增额。一般写成 Plus-value,指由于工程难度增加,而增加的费用。

3. marteau piqueur：风镐。

4. Puits：竖井。用于浇筑基础。

5. Rigoles：地沟。用于浇筑建筑物条形基础。

6. de brise roche：碎石机。

7. V.R.D.：Voirie et réseaux divers，道路管线网工程。

8. Assiette：基坑底。指大开挖后形成的基坑底部。常常被错译为"基础底板"，后者是指在基坑中用混凝土浇筑的建筑物基础平板。

9. Majoration：涨价。指金额的增加。

10. Foisonnement：（体积）膨大。指挖后土变膨松，运输方量大于挖掘方量。

Lot 02 Gros œuvre[1]
01 Béton armé[2]: Généralité

Le béton armé est un matériau composite constitué de béton et de barres d'acier qui allie les résistances à la compression du béton et à la traction de l'acier. Il est utilisé comme matériau de construction, en particulier pour le bâtiment et le génie civil[3].

02 Composition du béton

-Le ciment devra être livré au chantier en sacs de papier, approuvé par le Maître de l'œuvre[4], les ciments seront de qualité PORTLAND[5] artificiel, classe de résistance à l'écrasement[6] de 325.

-Lors de sa composition, l'entreprise doit réaliser un béton avec une compacité maximale.

-Le dosage granulométrique[7] sera déterminé par la nature[8] et la forme des agrégats[9] disponibles.

-La dimension maximale des agrégats ne doit pas dépasser le quart de l'épaisseur de l'élément le plus mince à bétonner. Dans le cas de béton armé, le passage des agrégats doit pouvoir se faire facilement entre les armatures[10].

-L'entreprise est tenue de faire étudier et établir par un laboratoire agrée la composition des bétons à utiliser compte tenu des agrégats, du ciment et des conditions de mise en œuvre (coulage par grue[11], par pompe[12] ou autre).

-L'entreprise prendra ses dispositions pour obtenir les résultats suffisamment tôt de façon à pouvoir procéder à des essais au moins 14 jours avant le début des bétonnages.

9. Agrégat

11. coulage par grue

10. armatures

标段 2 主体工程

01 钢筋砼：概述

　　钢筋混凝土为一种复合材料，由混凝土和钢条构成，二者组合了混凝土的抗压强度和钢材的抗拉强度。用作建筑材料，多用于房屋和土木工程。

02 砼配制

—水泥应使用纸袋包装送到工地，并须经监理批准，水泥应为人造波特兰水泥，抗压强度等级为 325。

—承包商在配制砼时，应制作密实度最高的砼。

—骨料级配应根据可使用骨料的种类和形状确定。

—骨料的最大粒径不得超过最薄混凝土构件厚度的 1/4，钢筋砼的骨料应能轻松穿过钢筋网。

—承包商应请（找、让）被认可的实验室，根据骨料、水泥以及浇筑工况（吊车灌筑，泵送浇筑或者其他方式），研究并制定所用砼的配方。

—承包商应采取措施，尽早得到配方。以保证在砼浇筑开始前至少 14 天，能够进行配试。

1. gros œuvre

12.coulage par pompe

1. gros œuvre：主体工程。指房屋在封顶时已完成的主要建筑结构。

2. béton armé：钢筋混凝土。也称钢筋砼。砼即混凝土。

3. génie civil：土木工程。指除房屋以外的各类建筑物等。

4. Maître de l'œuvre：设计监理方。代表建设方（甲方、建筑的所有人、投资人）设计方案、监督施工的人。根据其与建设方所签合同的内容，有时称为设计方，有时称为监理方。一般写作"Maître d'œuvre"，但指某个具体工程时，加定冠词，写作"Maître de l'œuvre"。

5. Ciment PORTLAND：波特兰水泥。国外对"普通的硅酸盐水泥"的称呼。

6. résistance à l'écrasement：抗压强度。中国也称为水泥的标号，有 325、425、525、625 等。

7. dosage granulométrique：级配。指不同粒径材料的比例。

8. Nature：种类。指材料的不同类别。不能译为"自然"或"自然属性"。

9. Agrégat：骨料。在砂浆或者砼中起骨架或填充作用的粒状松散材料，如卵石、碎石、砂子。

10. armatures：钢筋骨架。指预先或现场帮扎好的立体的钢筋组合，又称"钢筋笼"、"钢筋网"等。

11. coulage par grue：吊车灌注。用吊车将装有混凝土灌注工具，吊到需要浇筑的地方。

12.coulage par pompe：泵送浇注。用混凝土泵将混凝土泵送到需要浇筑的地方。

-La composition et les résultats des essais doivent être soumis à l'Ingénieur Conseil[1] avant le début des bétonnages.

-Tout bétonnage des éléments structuraux (semelle[2], amorces poteaux[3], voile périphérique[4], longrines[5], poteaux[6], voiles[7], escaliers et planchers) ne pourra se faire qu'après justification par des résultats des éléments structuraux sous-jacents (ouvrage inférieur).

-L'entreprise doit avoir en permanence sur chantier le matériel d'essai suivant :

a) 03 jeux de 03 moules cylindriques métalliques[8] (16 cm x 32 cm).

b) Un bac de stockage pour éprouvettes en béton[9].

c) Un cône d'ABRAMS[10] avec le matériel de mesure nécessaire.

-Le nombre de prélèvement et leur moment seront laissés à la discrétion de l'Ingénieur Conseil.

-Lors des prélèvements, l'entreprise effectuera un essai de <SLUMP-TEST[11], si le résultat n'est pas satisfaisant, l'Ingénieur Conseil pourra refuser la gâchée[12] qui sera immédiatement évacuée du chantier, l'entreprise corrigera alors le dosage en eau.

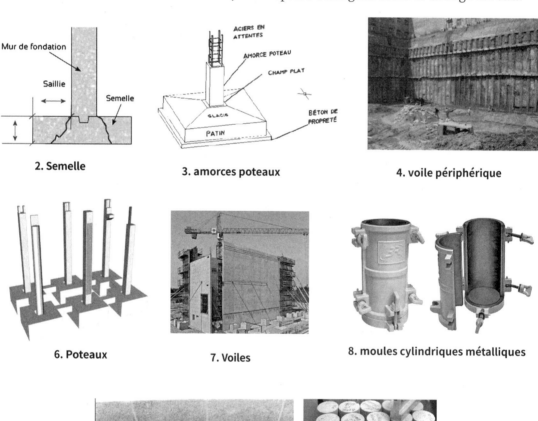

2. Semelle   3. amorces poteaux   4. voile périphérique

6. Poteaux   7. Voiles   8. moules cylindriques métalliques

9. bac de stockage pour éprouvettes en béton

—砼配方和配试结果，应在砼浇筑之前，呈交监理工程师。

—建筑结构件（基础承台，立柱基脚，基坑支护，地梁，立柱，墙板，楼梯和楼板）进行浇筑之前，须事先经过地下（地下工程）结构件试验结果验证。

—承包商应在工地常备以下实验设备：

    a) 3 套金属圆柱筒模具（16 cm x 32 cm），每套含 3 个模具。

    b) 一个砼试块养护池。

    c) 一个砼坍落度锥形筒，包括必要的测量器具。

—取样次数和时间由监理工程师决定。

—取样时，承包商应该做坍落度试验，如其结果不满足要求，监理工程师可以拒绝这些拌和物，且拌合物应被立即清理出工地，同时，承包商应该调整加水比例。

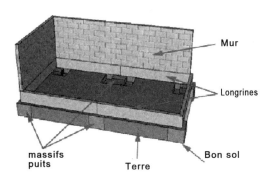

5. longrines

10. cône d'ABRAMS

11. SLUMP-TEST

1. Ingénieur Conseil：顾问工程师。根据菲迪克条款，负责工程质量监管的技术专家，也称监理工程师。

2. Semelle：基础承台。用于分散重力。

3. amorces poteaux：立柱基脚。

4. voile périphérique：基坑支护。

5. longrines：基础梁。承接建筑物的重，并传导至基础上。

6. Poteaux：立柱。

7. Voiles：墙板。建筑物的各种立墙面。

8. moules cylindriques métalliques：金属圆柱筒模具。用于制作混凝土试块。

9. bac de stockage pour éprouvettes en béton：混凝土试块养护池。试块必须按规定养护一段时间，才能拿去测试。
éprouvettes en béton：混凝土试块。

10. cône d'ABRAMS：坍落度筒（锥形筒）。用于砼坍落度试验，以观察砼试体的黏聚性及保水性。

11. SLUMP-TEST：坍落度试验：指测试混凝土施工的方便程度，其中包括混凝土的保水性，流动性和粘聚性。

12. Gâchée：拌合物。加水拌合的建筑材料（砂浆、石灰、水泥等），此处指混凝土。

-Les essais de compression[1] seront effectués à 07 et à 28 jours. Trois (03) éprouvettes seront conservés pour de contre essais[2] éventuels.

-Si la résistance de conception (à 28j) n'est pas atteinte, l'Ingénieur Conseil et l'entreprise pourront prélever des échantillons ou carottes[3] de béton dans l'ouvrage, et faire essayer ceux-ci par un laboratoire.

-Les frais de prélèvement, de transport de même que les essais en laboratoire seront à la charge de l'entreprise.

-Si les résultats des essais sont défavorables, l'Ingénieur Conseil pourra à sa discrétion soit refuser l'ouvrage ou partie de l'ouvrage.

-L'entreprise reste de toute manière seule responsable de la tenue de l'ouvrage.

03 Préparation et mise en œuvre du béton

-La fabrication et la mise en œuvre du béton se fera par :
  - Centrale à béton[4]
  - Mini centrale
  - Bétonnière[5]

-La mise en œuvre du béton manuellement est strictement interdite.

-Le béton ne peut être jamais versé en chute libre. En cas d'emploi de goulottes[6], l'extrémité de celle-ci et au maximum à un (01) mètre au-dessus de la surface à bétonner.

-Le béton sera transporté à pied d'œuvre par un procédé permettant d'éviter de façon absolue la séparation des éléments constitutifs ainsi qu'un commencement de prise[7] avant la mise en œuvre.

-La mise en place de béton ayant subi une ségrégation des agrégats[8] est interdite.

1. essais de compression

3. Carottes

4. Centrale à béton

5. Bétonnière

—抗压测试在第 7 天和 28 天进行，需保留 3 个试块，以备比对测试之需。

—如果（第 28 天）未达到设计强度，监理工程师和承包商可以在浇筑体上取样或者钻取样棒送实验室测试。

—取样、运送和实验室测试费用均由承包商承担。

—如测试结果不符合要求，监理工程师有权拒绝整个浇筑体或者部分浇筑体。

—承包商独自承担修复浇筑体的责任。

03 砼预制及浇筑

—砼制备和浇筑须采用以下设备：
　—砼搅拌站
　—微型砼搅拌站
　—砼搅拌机

—严禁人工浇筑砼。

—不得将砼倾倒让其自由下落。如使用浇筑料斗，出口端距离浇筑面不得超过 1 米。

—运送砼至现场应采用妥善的方法，绝对不能让砼组分分离，并保证浇筑前未出现凝结。

—严禁浇筑砼前已经出现骨料离析。

6. Goulottes

8. ségrégation des agrégats

1. essais de compression: 抗压测试。测量试块压碎时所施加的力。

2. contre essais: 比对试验。根据需要，另测试一组，以作对比。

3. Carottes: 样棒。图为钻取过程。

4. Centrale à béton: 砼搅拌站。

5. Bétonnière: 砼搅拌机。
6. Goulottes: 浇筑料斗。

7. Prise: 凝结。processus de solidification (d'un matériau)。

8. ségrégation des agrégats: 骨料离析。混凝土拌合物成分相互分离，造成内部骨料分布不均匀。

-Tout béton doit être vibré par pervibrateurs[1] dont la fréquence est au moins 7000 cycles/mn.

-Les appareils vibrants doivent être adaptés à la masse à vibrer.

-Si dans le cas où l'entreprise fait usage de vibrateurs de surfaces[2] fixés au coffrage, alors elle sera tenue de spécifier à l'Ingénieur Conseil les caractéristiques techniques des appareils ainsi que le domaine d'emploi particulier de chacun d'eux..

-Si le béton est serré par pervibration, il ne devra alors présenter ni ségrégation, ni montée de laitance en surface[3] ni perte de laitance[4] à travers les joints de coffrage.

-Pour tous les ouvrages et particulièrement pour les éléments structuraux, l'entreprise est tenue d'attendre la réception du coffrage[5] et ferraillage[6] par l'Ingénieur Conseil avant d'entamer l'opération de bétonnage.

-Les joints de reprise[7] de bétonnage sont interdits, sauf si, ceux-ci sont recommandés et indiqués en cas de force majeur (accident, panne ou autre) par l'Ingénieur Conseil.

-Les joints de reprise ne devront pas être laissés se former au hasard, mais doivent être implantés aux endroits de moindre fatigue ou suivant des plans disposés en principe normalement à la direction des contraintes.

-Si l'entreprise procède au coulage d'un même ouvrage en plusieurs points, les vibrateurs seront en nombre suffisant (autant d'aiguilles que de points de coulage) pour effectuer un bétonnage dans de bonnes conditions.

-A chaque reprise, la surface du béton en place sera complètement repiqué[8] pour expulser la laitance[9] et les glaciers de mortier[10] et soufflée ensuite à l'air comprimé pour la débarrasser de toutes les parties friables. La surface de reprise sera ensuite arrosée énergiquement, frotté au balai, puis soigneusement et complètement recouverte de béton riche[11] dosé suivant les instructions données par l'ingénieur conseil.

1. Pervibrateurs

2. vibrateurs de surfaces

3. montée de laitance en surface

6. Ferraillage

7. joints de reprise

8. Repiquer

—所有砼必须用振捣器均匀振实，使用的振捣器频率不得低于 7000 转 / 分。

—振捣设备应该与所振捣材料相匹配。

—如果承包商使用固定在模板上的表面振捣器，应向监理工程师详细说明设备的技术参数及其各自的使用范围。

—砼经过振捣凝器振实后，不得有离析、表面起灰、模板接缝处漏灰现象。

—所有的砼工程尤其是砼结构件，必须在监理工程师对模板支设和钢筋绑扎工序验收以后，承包商才能开始砼浇筑作业。

—严禁砼浇筑出现施工冷缝，由于不可抗力因素（事故，故障等等），经监理工程师建议和指示的除外。

—砼浇筑冷缝不能任其随意形成，应该留置在受力最小，或者根据布置图，原则上与受力方向相同的位置。

—承包商如果在同一工程数个点面浇筑，应该备有足够数量的振捣器（与浇筑点数量相当的振捣器），保证砼浇筑条件良好。

—每次出现砼冷缝，应全部重凿砼表面，以清除薄水泥挂浆和砂浆结块，然后用压缩空气吹，清除易碎部分。冷缝表面应当使用高压水冲洗，用刷子磨擦，之后使用富混凝土细心完整地覆盖，且富混凝土的配比须符合监理工程师的要求。

1. Pervibrateurs: 混凝土振捣器。

2. vibrateurs de surfaces: 表面振捣器。

3. montée de laitance en surface: 表面浮浆。主要原因是在施工过程中混凝土泌水等因素，造成表层结构疏松。

4. perte de laitance: 漏浆。由于振捣不到位，灰浆从模板接缝处流出。

5. Coffrage: 模板。

6. Ferraillage: 钢筋。

7. joints de reprise: 施工冷缝。在施工过程中由于某种原因使前浇筑混凝土在已经初凝后，后浇筑混凝土继续浇筑，使前后混凝土链接处出现一个软弱的结合面。

8. Repiquer: 凿。

9. Laitance: 薄浆。水泥、细颗粒物和水的混合物，干后表面形成疏松脱层。

10. glaciers de mortier: 砂浆结块。

11. béton riche: 富混凝土。即水泥浆含量高的混凝土。

4. perte de laitance

5. Coffrage

9. Laitance

04 Résistance du béton

-La résistance minimale à l'écrasement sur cylindres de dimension 16×32 cm doit être de 270 kg / cm^2.

-L'entreprise est tenue de prendre toutes ses dispositions pour faire exécuter les essais d'écrasement et fournir les résultats en temps utile[1].

05 Liants hydrauliques[2]

-Les liants hydrauliques devront répondre aux conditions des normes en vigueur en Algérie.

-Le ciment est de type CPA (Ciment Portland Artificiel) 325 pour le béton armé.

-Les liants seront emmagasinés sur chantier dans les locaux dont la capacité permet de stocker un approvisionnement pour au moins un (01) mois. Ils seront stockés en sacs de 50 kg de manière à faciliter un renouvellement périodique.

-L'entreprise veillera à ce que le poids des sacs de liants ne soit en aucun cas en deçà des 50 kg. Dans tous les cas, l'ingénieur conseil se réservera le droit de procéder régulièrement à des contres pesés.

06 Armatures

-Les aciers employés seront normalisés doux ou à haute adhérence. Ils seront à leur arrivée sur chantier, classés par diamètre et stockés sur des aires sèches et propres.

-Les précautions nécessaires seront prises pour éviter les dégâts ou l'accumulation de rouille non solidement adhérente, ou de toutes matières sur les aciers (huile, graisse) pouvant compromettre leur bonne adhérence au béton.

-Les barres d'armatures doivent être coupées et façonnées à froid conformément aux plans d'exécution.

-Les armatures occupent exactement les emplacements prévus aux plans, et toute précaution doit être prise pour qu'elle ne puisse se déplacer pendant la coulée et le serrage du béton[3]. De même, il faut éviter de toucher les armatures avec les pervibrateurs.

-Le prix des aciers sera inclus dans le prix du mètre cube de béton.

-L'entreprise devra procéder périodiquement (tous les -03- mois) aux épreuves de traction[4], de tous les aciers entrant dans la fabrication du béton par un laboratoire agrée, et ce à ses frais.

07 Agrégat

-Les agrégats (sables et graviers) proviendront des meilleures carrières[5] de la région.

-Leur rugosité devra être suffisante pour favoriser l'adhérence aux liants.

-Ils doivent êtres propres, durs, lavés et dépourvus de toutes matières étrangères (charbon, gypse, feuilles mortes, matières organiques, fines argileuses, impureté, etc.).

04 砼强度

—尺寸为 16×32 厘米的砼柱体抗压强度不得低于 270 千克 / 平方厘米。

—承包商必须采取一切措施进行抗压测试，并且适时提供测试结果。

1. en temps utile: 适时。相当于 au moment voulu。

05 水硬性胶凝材料

—水硬性胶凝材料应符合阿尔及利亚现行标准的规定。

—钢筋砼采用 CPA325 号水泥（波特兰人造水泥）。

—水硬性胶凝材料应该存放在工地库房，库房容量应该保证至少一个月的使用量。采用 50 千克 / 袋包装，存放方式应该便于定期更新。

—承包商应该确保袋装水硬性胶凝材料每袋重量不低于 50 千克。任何情况下，监理都有权定期查验重量。

2. Liants hydrauliques: 水硬性胶凝材料。是指在建筑工程中能将散粒材料（如砂、石）或块状材料（如砖、瓷砖等）胶结成一个整体的材料。它不仅能在空气中，而且能更好地在水中硬化，保持并继续发展其强度，如各种水泥。

06 钢筋骨架

—所使用的钢材应该符合韧性或黏附力的标准。运到工地时，就应该按照直径分类存放在干燥、洁净的地方。

—采取必要措施避免损伤、避免降低黏附力的铁锈或者其它材料（如油类和油脂）后者可能影响砼与钢筋的良好黏附力。

—钢筋骨架的钢筋条应该按照施工图进行冷切割和加工。

—钢筋骨架应该按图就位，注意确保砼浇筑和凝结过程中不发生位移。同时，还须避免振捣器触碰钢筋骨架。

—钢材价格包含在米方砼的价格之内。

—对制作砼的所有钢材，承包商应该通过注册实验室定期（每 3 个月）进行抗拉力试验，并且承担测试费用。

3. le serrage du béton: 砼凝结。指混凝土的干燥收缩过程。

4. épreuves de traction: 抗拉力试验。测试材料拉伸受力能力的试验。

5. Carrières: 砂石场。

07 骨料

—骨料（砂和石子）应该取自当地最佳砂石场。

—应当足够粗糙，有利于胶凝材料的粘附。

—骨料必须纯净，坚硬，经过水洗，无各种异物（如：炭块、石膏、枯叶、有机物、黏性颗粒、杂质等等）。

-L'emploi d'agrégat de mer est interdit. Le sable devra être débarrassé des éléments fins en se rapprochant au maximum des valeurs suivantes en pourcentage :
  - Moins de 5% d'élément très fin inférieur à 0.2 mm
  - De 25% à 35% d'élément fin inférieur à 0.7 mm
  - De 50% à 70% d'élément inférieur à 2.5 mm

-La composition granulométrique de l'ensemble pierres cassées, gravillons et sable, sera réglée de façon à obtenir des bétons de résistance et capacité mieux adaptées à la nature de chaque ouvrage.

-Les agrégats utilisés dans la composition du béton seront conformes aux résultats des essais préalables du laboratoire.

-Si les vérifications ne sont pas satisfaisantes, les ouvrages ainsi exécutés seront démolis et reconstruits à ses frais sans qu'il puisse prétendre de ce chef à une indemnité.

-En cas de changement des agrégats, l'entreprise devra informer l'Ingénieur Conseil et procéder à de nouveaux essais de matériaux rebutés. Dans ce cas ces essais sont obligatoirement exécutés au laboratoire agrée.

-Nonobstant ces essais et ce contrôle, l'entrepreneur reste responsable de toutes les conséquences de la qualité des matériaux.

-Les matériaux rebutés doivent être enlevés en urgences du chantier et ce au frais de l'entrepreneur.

08 Eaux

-Elle ne peut en aucun cas être pompée directement d'un oued.

-Elle présentera des caractéristiques physiques conformes à la norme N.F 18 303.

-Elle ne contiendra pas plus de deux (02) grammes de sels dissous par litre.

-Les bacs seront protégés contre l'insolation.

Eau de gâchage[1]

-Elle devra satisfaire aux conditions fixées par les normes et condition en vigueur (eau douce). Sa fourniture, son stockage ainsi que les frais d'approche et d'analyse sont à la charge de l'entreprise.

-Elle ne devra pas contenir d'impuretés en suspension et d'impuretés dissoutes supérieures aux valeurs limites fixées par ces normes, ces valeurs comprenant les déchets industriels.

-Les eaux douteuses ou soupçonnées de contenir des matières organiques seront soumises à l'analyse chimique.

-La teneur en eau, variable selon la saison, la température et le degré hydrométrique[2] de l'air ambiant, ne devra pas dépasser la limite correspondant à la consistance du béton[3] dite mole ou plastique.

-L'eau utilisée à la fabrication des mortiers et béton, devra être claire et exempte de sels minéraux et de matières organiques pouvant nuire à leurs qualités.

-Le partenaire cocontractant devra effectuer avant le démarrage des travaux, l'analyse des eaux de gâchages des bétons, une copie sera transmise au Maître de l'œuvre.

—严禁使用来自海洋里的骨料。应将砂子中的细微颗粒筛除，以最大限度地满足以下比例值：

—小于 0.2 毫米的极细颗粒占比不超过 5%

—小于 0.7 毫米的细颗粒占比 25% 至 35%

—小于 2.5 毫米的颗粒占比 50% 至 70%

—所有碎石、卵石和砂的级配应保证：砼抗压力好，且与各工程类型匹配度佳。

—用于制作砼的骨料应与实验室前期测试结果相符。

—如果查验不符合要求，已施工工程应被拆除、重新建筑，费用自行承担，不得以此为由要求补贴。

—如须更换骨料，承包商应当告知监理工程师，并对弃用的材料重新作测试。在此情况下，测试必须在注册实验室进行。

—即便做了测试和检验，承包商仍须对材料质量造成的后果承担全部责任。

—弃用材料必须紧急撤出工地，费用由承包商承担。

08 水

—绝不可直接从季节河抽取水。

—物理特性应当符合法国 NF18303 标准。

—溶解盐的含量不得超过 2 克 / 升。

—水箱应做防晒处理。

拌合水

—拌合水应该符合现行标准和规定的要求（淡水）。承包商承担供应、存储以及接入、化验等费用。

—拌合水包含的悬浮杂质，溶解杂质，不得超过标准规定的限值，该限值包含工业废料。

—不确定的水、或疑含有机物的水，应送交化验。

—拌合水的用量，因季节、环境温度和水硬度的不同而变化，但是不得超过相应的砼黏稠度限值，即所谓的"摩尔值"或者"塑性"。

—用于制作砂浆和混凝土的水应当清亮，不得含有可能损害质量的矿物质和有机物质。

—开工前承包商（签约合作伙伴）应对混凝土拌合水进行化验，并提交一份化验报告给设计（监理）单位。

1. Eau de gâchage: 拌合水。混凝土、砂浆、石膏等拌合所用水。对水质有一定要求。

2. degré hydrométrique: 水硬度。它主要是描述钙离子和镁离子的含量。法语有几种说法: DEGRÉ HYDROTIMÉTRIQUE ou TITRE HYDROTIMÉTRIQUE ou DURETÉ TOTALE。

3. consistance du béton: 混凝土稠度。是指混凝土拌和物的流动性、黏聚性和保水性等三个方面的含义。

Eau de compactage

-L'eau nécessaire au compactage des remblais ou des remblayages ne sera pas saumâtre et ne devra pas contenir de matières organiques.

09 Cure du béton

-Par temps chaud, ensoleillé et sec, le béton doit être protégé de la dessiccation par un arrosage continu durant les premiers jours qui suivront l'opération de bétonnage, ou par l'emploi de sacs maintenus constamment mouillés.

-Aucune rémunération n'est prévue pour ce travail de conservation.

10 Protection des bétons enterrés

-Les bétons en contact avec la terre seront protégés par un badigeonnage[1] en bitume ou film polyane[2] pour la dalle flottante[3].

11 Prix des bétons

-Les prix sont classés par genres de béton, puis par dosages en ciment.

-Les prix de béton comprennent toutes sujétions de fournitures, fabrication, mise en place et traitement, sont également compris les frais relatifs aux essais et contrôles.

-L'entreprise est informée que certains coulages doivent avoir lieu en "non-stop", de jour comme de nuit y compris les jours fériés.

12 Coffrages

-Les coffrages seront soit en bois, soit métalliques. L'entreprise, devra avant le début des travaux informer l'Ingénieur Conseil sur les types de coffrages qu'elle compte utiliser.

-Les coffrages doivent présenter une rigidité suffisante pour résister sans tassement ni déformation nuisible, aux surcharges et efforts de toute nature qu'ils sont exposés à subir pendant l'exécution des travaux, c'est-à-dire , pendant les phases de bétonnage, de séchages et décoffrage.

-L'étanchéité du coffrage doit être telle qu'aucune perte dommageable de laitance ne se produise lors de la mise en œuvre du béton.

-Les coffrages sont construits conformément aux dimensions du béton achevé, prévues aux plans. Ils seront exécutés avec soin: alignement, régularité et aplomb.

-Immédiatement avant bétonnage, les coffrages devront être nettoyés avec soin de manière à les débarrasser de poussières et débris de toute nature.

-Avant la mise en place du béton, il faut arroser les coffrages de manière à obtenir une humidification des bois aussi complète que possible.

-De même, avant la mise en place du béton, il faut, en vue de faciliter le décoffrage ultérieur, enduire d'huile tous les coffrages métalliques ou coffrages soignés composés des panneaux backélisés[4].

夯实用水

—回填或填方土夯实不得使用咸水，且水中不能含有有机
物。

9 砼养护

—在炎热、烈日和干燥天气时，应该在浇筑后头几天，采
用持续浇水，或者使用持久潮湿包装袋覆盖的方法，
对砼进行防干燥养护。

—此保养工序不另计报酬。

10 地下砼保护

—接触泥土的砼应该施以沥青涂层保护，浮筑地板应该使
用塑料膜保护。

11 砼价格

—砼价格按照砼类别和水泥含量分类。

—砼价格包含所有有关供应、制作、浇筑、处理的费用，
也包含测试和检测费用。

—承包商应该知晓 某些浇筑作业必须夜以继日连续施工，
包含节假日。

12 模板

—模板应该是木质或者金属材质。在施工之前，承包商应
把拟用模板的型号告知监理工程师。

—模板硬度应该足以承受在浇筑、干燥、拆模各阶段施工
过程中的各种负载和受力，不得出现凹陷和变形。

—模板的密封性应该足以保证在浇筑过程中无任何损害性
漏浆发生。

—模板应根据图纸，依照成品砼的尺寸，进行搭设。搭建
须细心，并做到整齐、规整和垂直。

—在即将浇筑前，应当认真清扫模板，清除灰尘和各种碎
屑。

—浇筑前，应对模板浇水，尽可能使木质模板浸透。

—同时，为了便于后期拆模施工，浇筑砼之前应当给金属
模板和胶合板（酚醛树脂漆面）组合的模板涂刷脱模油。

1. Badigeonnage：涂抹。

2. Polyane：塑料膜。原是法国的一个塑
料膜厂家品牌，现作为普通名词，代指塑
料膜。

3. dalle flottante：浮筑地板。指浇筑在保
温层上面的地板。

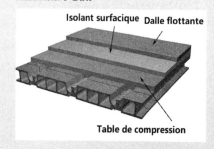

4. panneaux backélisés：酚醛树脂漆板。

-L'huile en excès au fond des moules ou sur les armatures doit être épongée avant le bétonnage. Les huiles utilisées doivent être spéciales dites de démoulage[1]. Elles doivent être propres (c'est-à-dire ne pas laisser de traces sur les parements du béton[2]) et ne présentent aucune réaction acide.

-Si plusieurs emplois sont prévus pour un même coffrage celui-ci devra être parfaitement nettoyé et remis en état avant tout nouvel usage.

-Le décoffrage aura lieu en principe, après un délai permettant à l'ouvrage de supporter sans risques, son poids propre et toute charge provisoire pouvant s'y appliquer.

-Le décoffrage doit être effectué avec précaution sans chocs et par effort purement statique. Il doit être mené de façon à ne provoquer aucune contrainte supérieure aux contraintes normales de services au moment du décoffrage.

-L'aspect du béton, après décoffrage doit être impeccable.

-Tout coffrage démonté est immédiatement évacué de la zone de travail. Si l'entreprise désire garder ses coffrages sur place pour un réemploi proche, alors elle sera tenue de les ranger avec ordre, après les avoir débarrassés éventuellement de tout clou, pièces endommagées, ou toute autre partie dangereuse.

13 Coffrages ordinaires

-Ils sont constitués de panneaux en bois ou métalliques simplement juxtaposées sans défauts.

-Le prix du coffrage sera inclus dans le prix du mètre cube de béton.

14 Coffrages lisses

-Ils peuvent être composés soit:

-De panneaux de bois avec contre-plaqués[3].

-De panneaux de bois avec tôle galvanisée.

-De panneaux métalliques. Ceux-ci doivent présenter des surfaces en contact avec le béton, sans saillie ni gauchissement.

15 Infrastructure

-Gros béton[4]: En cas de sur profondeur et à la demande de l'ingénieur conseil. Il sera prévu un gros béton de remplissage dosé à 200 kg / m^3.

16 Béton de propreté[5]

-En contact avec le sol, il sera réalisé une forme de béton de propreté destiné à isoler les radiers[6], semelles, voiles, longrines du sol. Ce béton de propreté sera dosé à 150 kg /m^3 et aura une épaisseur de 5 cm.

—在浇筑前把模盒底部多余的油和钢筋骨架上面的油擦干净。应当使用专业脱模油。油应该干净（不得在砼表面留下痕迹），不得有任何酸性反应。

—重复使用的模板应当进行彻底清洁，并且存放整齐，以备再次使用。

—原则上，在浇筑工程足以承载自身重量和其他临时负载时，才能拆模。

—拆模工作必须小心谨慎，不得碰撞，平缓用力。拆模过程中，不得让浇筑构件承受超过其正常工作条件下的应力。

—拆模以后，砼外观应该完美无暇。

—拆下的模板应该立即搬出施工区。如果承包商打算留放现场，就近再用，也应在拔除掉钉子、清除损坏部件或者其它有害部分后，有序整齐堆码。

13 普通模板

—普通模板使用木板或者钢板，直接拼接，无缺陷接合。

—支模价格包含在米立方砼价格内。

14 光滑模板

—光滑模板可以采用：

    —木板＋胶合板。

    —木板＋镀锌铁皮。

    —金属板。此种模板在与砼接触的表面应平整，无隆凸，无变形。

15 下部结构

—粗骨料砼：根据深度和监理工程师的要求选用。应使用200千克／立方米比例的粗骨料砼。

16 素砼

—与土层接触部位，需要浇筑素砼，用于将土与筏板、基础承台、墙板、基础梁隔开。此素砼配比为150千克／立方米，厚度为5厘米。

---

1. huiles de démoulage: 脱模油。建筑工程模板与砼的隔离剂，便于脱模，拆模后砼表面光滑平整。

2. parements du béton: 砼砌面，砼表面。

3. contre-plaqués: 胶合板。也称"层板"。用多层薄木板粘合而成的板材。

4. Gros béton: 粗骨料混凝土（砼）。指混凝土中的骨料粒径大于 4.75 mm。

5. béton de propreté: 素混凝土。指没有钢筋的混凝土。

6. Radier: 筏板。指在基础工程中的一块混凝土板，板下是地基，板上面有柱、墙等。因其如筏浮于土上面，而被形象地称为筏板。

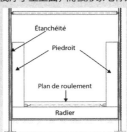

17 Béton armé en fondation

-Il sera exécuté conformément au plans d'exécution (radiers, semelles, voiles, longrines et amorces poteaux) dosé à 350 kg/m³. L'acier utilisé pour les armatures longitudinales est de type HA[1] Fe E40 et pour les armatures transversales est du rond lisse[2] Fe E2 35.

Lot 03 Maçonnerie

-Les briques seront conformes à la normes et condition mises en vigueur en Algérie, bien cuites sans être vitrifiées, dures non friables, sonores, sans fêlures et sans partie siliceuses ou calcaires, de couleur homogène, à bord rectilignes et angles droits exempts de toutes fissures ou défauts proviendront des briqueteries de la région.

-Elles doivent résister aux essais de compression.

-Les deux parois du mur extérieur seront montées en même temps. La liaison est réalisée par des boutisses[3] en tableau[4] ou autour des poteaux d'ossature ou par épingles en fer[5] de diam. Six (06) mm entre les pans de grandes dimensions.

-La liaison d'une cloison[6] avec un mur ou autre se fait par pénétration[7] continue ou discontinue. Dans ce cas le nombre de briques de liaison ne doit pas être inférieur à (03) trois par mètre. L'entreprise est tenue de respecter les arrachements[8] entre croisements de parois. Lorsqu'il s'agit de croisement ou contact entre paroi de mur en brique et une partie d'ouvrage en béton, celle-ci devra être soigneusement repiqué et arrosé afin de permettre une bonne adhérence et homogénéité entre différents matériaux.

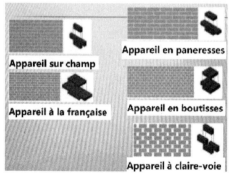

3. Boutisses

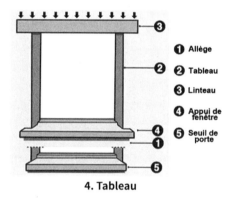

4. Tableau

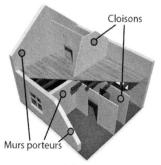

6. Cloison

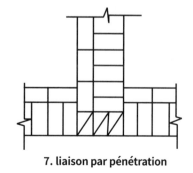

7. liaison par pénétration

17 基础钢筋砼

—按照施工图施工基础钢筋砼（筏板、基础承台、墙板、基础梁、立柱基脚），砼配比为 350 千克 / 立方米，纵向钢筋骨架使用型号为 HA Fe E40 钢材，横向钢筋骨架使用 Fe E2 35 圆钢。

标段 3 砌体

—火砖应符合阿尔及利亚现行标准和规定，烧结透彻，未经玻化处理，坚硬，不易碎，敲击声清脆，无裂痕，无硅质或钙质，色泽均匀，边正角直，没有裂纹或者瑕疵。产自当地砖厂。

—火砖应作抗压强度测试。

—双层外墙应同时向上砌筑。墙的连接，在门窗洞口边缘处或框架柱周围采用丁砖连接，大面积墙体间使用直径 6 毫米的钢卡子拉接。

—隔墙与墙的连接采用连续插接或分离插接方式。连接处，连接砖的数量不得低于 3 块 / 米。承包商应遵循墙体交叉处拉毛的规范。如在砖墙体与砼结构体交叉或接触处，应仔细凿除，并冲洗干净，以保证不同材料完美粘附和均匀一致。

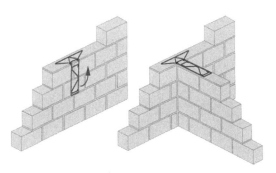

5. épingles en fer

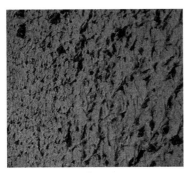

8. Arrachements

1. HA: haute adhérence。高附着力。一般用于描述螺纹钢（rond crénelé）。

2. rond lisse：圆钢。没有螺纹的圆钢。

3. Boutisses：丁砖。指与墙走向垂直的方向砌砖。顺着墙的方向，称为"顺砖"。

4. Tableau：门窗洞口边缘（墙体）。指墙体开口侧面边缘。法语定义：partie de l'épaisseur du mur située à l'extérieur d'une baie。

5. épingles en fer：钢卡子。用于两堵墙之间的拉接。

6. Cloison：隔墙。

7. liaison par pénétration：插接。即隔墙的砖插入墙的一部分，进行连接。

8. Arrachements：拉毛。即将表面的软弱层凿除。

-Les briques ou les agglos[1] cassées à la pose devront être remplacés. Les maçonneries devront être d'aplomb[2]. Les niveaux seront rigoureusement contrôlés et vérifiés. Les arases de reprises[3] devront être nettoyées et humectées, les mortiers ou béton de reprise seront légèrement sur dosés et expurgés d'éléments trop gros. Les éléments ébranlés ou mal placés seront enlevés et remplacés avec repose de mortier neuf.

-L'entreprise se doit de tracer le traits de niveau référence[4] + 1.00 m sur partie gros œuvre et ce avant le démarrage des travaux de maçonnerie.

-Les cloisons en double parois ou simple parois peuvent adopter des formes arrondies ou arquées suivant plans d'exécution.

-L'ingénieur conseil signale que l'entreprises ne pourra démarrer les travaux de maçonneries avant de procéder aux traçages de la maçonnerie sur le plancher.

01 Maçonnerie intérieure

-Les cloisons de séparation seront réalisées en maçonnerie traditionnelles de simple parois avec de la brique creuse[5] de 20, 15, 10 ou 5 cm d'épaisseur suivant plans d'exécution.

02 Enduits Intérieurs au ciment

-Les enduits intérieurs au mortier de ciment sur maçonnerie et béton seront réalisés sur les murs et plafond intérieur des cuisines, salles de bain et WC.

Lot 04 Revêtement Sol et Murs
01 Revêtements de sol

-Le revêtement de sol sera réalisé en granito[6] de 25×25 cm et ou marbre de 3 cm d'épaisseur de 40×40, arêtes droites sans épaufrure, à petit grains au choix de l'architecte, posés à bain soufflant[7] de mortier de 4 cm d'épaisseur. Le mortier sera réalisé sur la dalle brute après avoir procédé au nettoyage du sol, passage des canalisations de plomberie et d'électricité à noyer dans la forme.

-Le mortier de pose sera réalisé en sable sec de rivière passé au tamis de 0,5 avant la fin de prise du mortier de pose, le rejointement[8] sera réalisé en ciment blanc.

4. Trait de niveau référence

5. brique creuse

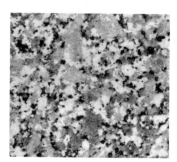

6. Granito

—砌砖时，应该更换损坏的火砖或者烧结砖。砌体必须垂直。基准水平面必须严格控制、检查。重砌基层应该清扫干净，并润湿。重砌的砂浆或混凝土应稍许增量，且需清除掉粗块。摇晃和砌筑不到位的须拿掉并更换，重新抹新鲜砂浆。

—在砌砖之前，承包商应该在主体结构上划出 +1.00 米水平参照线。

—根据施工图纸，双层或者单层隔墙可以砌成圆形或弧形。

—监理工程师提醒：承包商必须先在楼板上放线，然后再开始砌体工程。

01 室内砌筑

—分隔墙按照图纸采用传统的单层砌筑，使用厚度为 20、15、10 或 5 厘米的空心火砖。

02 室内水泥抹灰

—厨房、盥洗间和厕所的墙面和天花板的室内砌体和砼表面部位须涂抹水泥砂浆。

标段 04 墙体／地坪罩面
01 地坪罩面

—地坪罩面采用水磨石，规格为 25×25 厘米或 40×40 厘米，厚度 3 厘米的大理石，无表面缺陷，边角平直，无缺棱掉角，小颗粒花纹，由建筑师选定。使用厚度 4 厘米的砂浆，挤浆法粘贴。预埋水电管路之后，把地面清扫干净，在基层砼板毛面上直接用砂浆铺贴，管网须埋入砂浆中，不得影响铺砖。

—铺贴用砂浆选用干燥河砂，过筛，筛子孔径 0.5 毫米，须在砂浆凝结之前粘贴，使用白水泥勾缝。

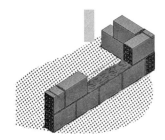
7. bain soufflant

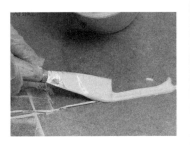
8. rejointement

1. Agglos: 混凝土砖。或称水泥砖。在法语中：agglos = parpaing = brique de ciment et gravier。

2. d'aplomb: 垂直。

3. arases de reprises: 重砌基层。指在中断施工后，重新开始砌砖时的基层。

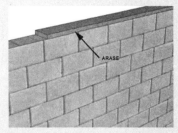

4. Trait de niveau référence: 水平参照线。为了砌砖质量，根据基准线而划出的一条参照线，施工时作为参照标准线。

5. brique creuse: 空心火砖。火砖有多种规格，有实心和空心之分。火砖不同于混凝土砖，前者需要高温煅烧，后者不需要。

6. Granito: 水磨石。即将碎石、玻璃、石英石等骨料拌入水泥粘接料制成混凝制品后，经表面研磨、抛光的制品，carreaux de granito，水磨石砖。

7. bain soufflant: 挤浆法。即铺砂浆厚度大于所需高度，铺砖时，通过敲击达到规定高度，挤出多余砂浆，可保证砖缝的饱满，避免空洞。尤其地砖多采用此法。法语解释为：La pose s'effectue à bain soufflant. Cela consiste à étaler une couche de mortier deux fois plus épaisse que le joint prévu, puis à ancrer la brique dans le lit en l'ajustant, en tapant dessus avec le manche de la truelle, tout en recueillant les reflux de mortier.

8. rejointement: 勾缝。即用砂浆将相邻两块砌筑块体材料之间的缝隙填塞饱满，让砌筑块体材料之间的连接更为牢固，使表面清洁、整齐美观。

-L'entreprise se doit de tracer le traits de niveau référence + 1.00 m sur mur et gros œuvre et ce pour tous les niveaux, et faire un constat afin de déterminer les arases du sol fini et de débarrassées tous les gravats et souillures.

-Après la mise en œuvre des revêtements de sol, il ne devra y avoir aucun dénivelée ou gondolement. Les revêtements dénivelés ou mal placés seront déposer et repris à neuf par l'entrepreneur, à ces frais.

02 Revêtement mural

a - Plinthes

-Elles seront en terre cuite vernissée de 0,07×0,30 à bord supérieur arrondi et seront posées sur le linéaire des murs et cloisons.

-Les plinthes seront également prévues dans les parties communes ainsi que la maçonnerie des rampes d'escaliers et en blocage horizontal des marches[1]. Toutes les plinthes seront posées au mortier de pose sur support préalablement nettoyé et éventuellement ragréé.

b - Faïences

-Un revêtement mural en carreaux de faïence 0.20×0.30 cm colorée de type biseauté[2] et de 1er choix (au choix de l'architecte), qui sera réaliser sur une hauteur de 1,20 m pour le WC, et d'une hauteur de 1,50 m pour les salles de bains suivant les prescriptions technique du BPU[3] ainsi que les plans et détails d'exécution.

c - Marbre

-Un revêtement mural en carreaux de marbre de 1er choix (au choix de l'architecte).

Lot 05 Etanchéité

-Etanchéité[4] sous carrelage y compris main-d'œuvre ainsi que toutes autres sujétions.

-Isolation thermique en polystyrène[5] de 0,04 d'épaisseur, les plaques seront parfaitement jointives, posées sur couche d'imprégnation à froid[6] immédiatement avant l'exécution du béton de pente[7] sans aucune plus values pour coupes raccords, finition autour des réservations[8] et toutes autres sujétions de mise en œuvre.

-Forme de pente en béton léger dosé à 150 Kg de ciment pour 120 d'agrégats, mise en place soignée entre repères y compris gorges, chapes lisses, joints de dilatations selon les plans pente régulière de 20% épaisseur maximale de 0,12 m, les gorges lissées à la bouteille ou autre.

-Pare vapeur en polyane y compris main-d'œuvre ainsi que toutes autres sujétions de bonne exécution.

-Etanchéité multicouche: fourniture et pose d'étanchéité multicouche se composent par ordre de mise en œuvre:

Imprégnation à froid (Flintkot[9])

—承包商应在墙体和主体结构上划出 +1 米的水平参照线，以此作为所有水平参照线，并测量检查，以确定清除建渣和污渍后的最终地面基础层高度。

—地坪罩面施工后，不得有高差或者鼓包。罩面不平或位差，应由承包商拆除，重新铺贴，且自行承担返工费用。

02 墙体罩面

a - 踢脚线

—踢脚线为土陶釉面砖，尺寸为 7×30 厘米，上边沿为圆弧形，顺着墙体和隔墙边线镶贴安装。

—在公共部位如：楼梯栏杆砌体和楼梯踏步纵向锁头，也应安装踢脚线。所有的踢脚线使用粘贴砂浆粘贴，基面须清扫干净，需要时处理修平。

b - 瓷砖

—根据单价表的技术说明，以及施工图纸和详图，墙面贴彩色斜边瓷砖，一级产品，（由建筑师选定），尺寸为 20×30 厘米，厕所部位粘贴高度为 1.2 米，浴室粘贴高度为 1.5 米。

c - 大理石

—墙罩面所用大理石砖，应为一级产品（由建筑师选定）。

标段 05 封闭

—瓷砖下封闭工程包括人工以及相关其它费用。

—隔热层采用 4 厘米厚聚乙烯板，隔热板应衔接完好，混凝土找坡施工完成后，立即铺设在冷浸层上。接头切割，预留口收边及其它附属作业，均不加价。

—找坡层施工采用轻质混凝土（水泥 150 公斤：骨料 120 千克），按标记精心施工，标记处包括管口，收光层，伸缩缝，按图施工，匀坡 20%，最大厚度 12 厘米，管口用瓶子或其它工具收光。

—聚乙烯隔气层施工，包括人工相关其它费用。

—多层密封：包含材料供应和施工。按施工顺序，依次如下：

　　冷浸层施工（冷底子油）

1. blocage horizontal des marches: 踏步纵向锁头。见图。

2. Biseauté: 斜边。一般瓷砖边缘为圆形。

3. BPU: 单价表。Bordereau des Prix Unitaires。

4. Etanchéité: 封闭。在法语的意思中，包含：保温、隔热、防水、隔音等封闭措施。

5. Polystyrène: 聚苯乙烯。俗称"泡沫"，用于保温隔热。

6. couche d'imprégnation à froid: 冷浸层。即粘接剂冷刷在基础板上，用于连接聚苯乙烯板与基础板，以保证其黏结质量。

7. pente: 找坡。即按照排水方向，形成坡度，以利自动排水。

8. Réservation: 预留口。

9. Flintkot: 冷底子油。用于封闭混凝土基层，以利粘接。

      1 couche d'enduit à chaud bitumé[1]

      1 couche feutre bitumé[2]

      1 couche feutre bitumé type 36 S non collé au support

      1 couche E.A.C[3] 1,5 kg/m²

      1 couche feutre bitumé 36 S

      1 couche E.A.C 1,5 kg/m²

-Relevé d'étanchéité[4] en relief par un système multicouche à prévoir adhérent et le suivant:

      1 couche d'imprégnation à froid;

      1 bitumé armé type 40 auto protégé par feuille paquet d'aluminium coffre[5] de 8/100 d'épaisseur, appliqué jusqu'au baquet d'acrotère[6] ou de rejets d'eau[7], éviter fuite, infiltration d'eau, les relevés sont à exécuter en dernier lieu, y compris toutes sujétions de fourniture et de main d'œuvre.

-Protection en gravillon fourniture et pose de protection d'étanchéité par couche de gravier roulé[8] et lavé, d'épaisseur 0,04 concassé 3/8 au minimum, y compris toutes sujétions de fourniture et de main d'œuvre.

1. enduit à chaud bitumé

2. feutre bitumé

4. Relevé d'étanchéité

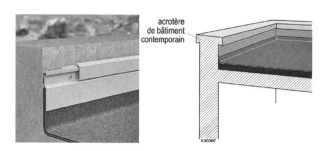
6. baquet d'acrotère

一层热沥青油涂抹

一层沥青油毡

一层 36S 型沥青油毡（不粘在基层上）

一层热沥青涂抹，1.5 千克／平方米

一层 36S 型沥青油毡

一层热沥青涂抹，1.5 千克／平方米

—立面防水突出部位采用多层防水系统，其粘附按照以下
工序进行：

一层冷底子油；

一层 40 型带肋油毡，8 毫米厚铝箔保护，粘贴至女
儿墙泛水条或泛水条处，避免漏水，渗水，上翻部分
最后施工，包含所有材料供应和人工费用。

—砾石防水保护层，含材料供应和施工，采用干净鹅卵石，
机碎，粒径至少 3/8 厘米，铺设厚度 4 厘米，包含所有
材料供应和人工费用。

5. protégé par feuille paquet d'aluminium coffre

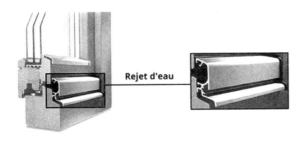

7. rejets d'eau

1. enduit à chaud bitumé：热沥青涂抹。

2. feutre bitumé：沥青油毡。

3. E.A.C：热沥青涂抹。enduit à chaud。

4. Relevé d'étanchéité：立面防水。也称
为"防水翻边"。

5. protégé par feuille paquet d'aluminium
coffre：铝箔保护。

6. baquet d'acrotère：女儿墙泛水条。女
儿墙指屋面周边的矮墙。泛水指屋面防水
层与突出结构之间的防水构造。突出于屋
面之上的女儿墙、烟囱、楼梯间、变形缝、
检修孔、立管等壁面与屋顶的交接处，将
屋面防水层延伸到这些垂直面上，形成立
铺的防水层，称为"泛水"。Baquet 属于
非洲法语用词，本是木盆之意，这里指泛
水件的长条型材。

7. rejets d'eau：泛水。泛水的另一种表达，
类似 solin。其目的是将水引开。

8. gravier roulé：鹅卵石。与之相应的是
gravier concassé，即机碎石。

Descriptif des travaux (II)

Chapitre 06

第六章 工程说明（二）

1. chutes de tension：电压损失。指铺设线路时，需要考虑的由于电线（导线）造成的电压下降。

2. EC/EF：eau chaude/eau froide。热水 / 冷水。

Lot 06 Electricité Intérieure

- Les installations à réaliser consistent en l'équipement électrique de toute la cour.
- Elles comprendront tous les appareils luminaires, appareillage de coupure et de protection et les différentes câbleries.
- Les installations devront être établies suivant les règles de conformité et sauf exception prise dans les études particulières. Elles devront être conformes aux règles techniques en vigueur éditées par l'U.T.E[1] et la norme 15-100.

01 Dimensionnement des dérivations individuelles issues d'une canalisation collective

- Chaque dérivation individuelle comporte à l'origine un dispositif de protection contre les courts-circuits[2] : le coupe-circuit principal individuel (CCPI).
- Il porte un repère identique à celui du local desservi.
- Les dérivations individuelles sont réalisées avec des conducteurs en cuivre (supérieur ou égal 10 mm^2) et (supérieur ou égal 16 mm^2).
- La section des conducteurs[3] doit être homogène sur toute sa longueur. A la construction, les conducteurs des dérivations individuelles ne comportent aucun raccord[4], épissure[5], ligature[6], ni modification de leur revêtement[7].

02 Règles conventionnelles de chutes de tension[8]

- Les calcules prennent en compte les règles conventionnelles de chute de tension, destinées à garantir le respect des valeurs contractuelles de tension en chaque point de livraison.
- La chute de tension ne doit pas excéder 1% pour chacune des canalisations.

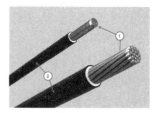

3. section des conducteurs

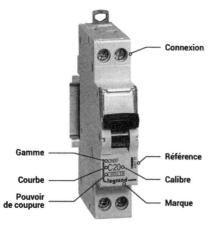

2. dispositif de protection contre les courts-circuits

4. raccord

标段 06 室内电气

—包括整个法院电气设备安装。

—包括所有的照明器具，断电和保护设备以及各种电缆。

—电气设施安装应该符合规范，特殊设计除外。安装应符合电气技术联盟 UTE 编制的现行技术规范和《15-100标准》。

01 分户线路要求 （从主线路到分户线路）

—每个分户线路，在起始端应该设置一个短路保护装置：分户线路断路总开关。

—断路开关上的标记须与输电终端处的标记一致。

—分户线路采用（大于或等于 10 平方毫米）和（大于或等于 16 平方毫米）铜导线。

—线路从头至尾，导线截面积必须一致。在施工过程中，各个分户线路导线不能出现任何接头、绞接、缠绕等现象，也不可改变其护套。

02 电压损失常规

—电压损失的计算采用电压损失常规，后者可保证在每个供电点达到合同规定值。

—每条线路的电压损失不得超过 1%。

5. épissure

6. ligature

7. revêtement

1. U.T.E: Union Technique de l'Electricité, 电气技术联盟。

2. dispositif de protection contre les courts-circuits: 短路保护装置。一般采用空气开关，在发生短路、漏电或触电时，开关会自动断开，切断电源。

3. section des conducteurs: 导线截面积。即导线的粗细，截面积越大，通过电流越大，可承载更大功率的电器。

4. raccord: 电线接头。

5. épissure: 电线绞接。

6. ligature: 电线缠绕。

7. revêtement: 电线护套。

8. chutes de tension: 电压损失。指铺设线路时，需要考虑的由于电线（导线）造成的电压下降。

03 Echantillons

-L'entrepreneur dans un délai de 02 mois à compter de l'ordre de service pour le commencement des travaux devra remettre des échantillons des matériels et appareils électriques suivants :

-Prise de courant, fils, câbles, coupes circuits, interrupteurs, tableaux, appareillages d'éclairages et appareillages de commandes, etc...

-L'appareillage utilisé devra être conforme aux échantillons acceptés par l'Ingénieur Conseil.

04 Canalisation

-Le revêtement des câbles sera approprié aux contraintes mécaniques et techniques. Celui-ci ne sera en aucun cas soumis à des vibrations très importantes.

-Le rayon de courbure sera tel qu'il ne devra en aucun cas provoquer la déchirure ou l'écrasement de la gaine[1].

05 Appareillage

-Dans les locaux mouillés ou humides ou dans des parois conductrices, les plaques de recouvrements des appareils encastrés, les capots et les couvercles des appareils en saillie seront obligatoirement en matériaux isolants et seront fixés à l'aide de vis de façon isolante[2].

-Les appareils encastrés seront montés obligatoirement dans les boîtes d'encastrements.

06 Foyers lumineux

-Dans le cas où l'appareillage électrique ne sera pas fourni, il sera posé des douilles provisoires à vis[3] ou à baïonnettes[4], la longueur libre du fil sera de 25 cm au moins. L'installation électrique sera conforme aux plans et schémas fournis par l'Ingénieur Conseil.

Lot 07 Menuiserie

-Pose de cadres menuiserie intérieure et extérieure:

-Toute la menuiserie intérieure et extérieure sera fixée à la maçonnerie par des pointes 120 croisées en 3 scellements pour chaque montant[5]. Ces scellements devront permettre la bonne tenue du cadre sur la maçonnerie. Les divers bourrages et jointages seront réalisés au mortier de ciment.

01 Menuiserie Bois

-Les travaux comprendront les ouvrages relatifs aux menuiseries et quincailleries. Les matériaux devront répondre aux prescriptions de la dernière édition du cahier de prescriptions techniques particulières et aux normes D.T.U.[6] sauf prescriptions contraires.

03 样品

—在施工单签发后两个月内，承包商须提交以下电气设施和设备的样品：

—插座、电线、电缆、断路器、开关、配电板、照明和控制器材等……

—实际使用的器具须与监理工程师批准的样品相符合。

04 线路

—电缆护套应该与机械应力和技术要求相适应。任何情况下均不得承受大幅震动。

—任何情况下，电缆的弯曲半径不得造成护套的破裂和压碎。

05 器材

—在潮湿空间或有导电线的隔墙处，嵌入式设备包裹板、凸出设备的盖子和罩板须采用绝缘材质，且须使用绝缘螺钉固定。

—嵌入式设备必须安装于嵌入式安装盒内。

06 照明点

—如果未要求提供电气设备，则应当安装临时的螺口灯座或者卡口灯座，预留电线的长度应大于 25 厘米。电气安装须与监理工程师提供的图纸和示意图一致。

标段 07 门窗工程

—须安装室内和室外门窗框：

—所有的室内和室外门窗框架都应该固定在砌体上，每根窗桄用 120 号钉子交错锚固三处。确保窗框稳定地锚固在砌体上。使用水泥砂浆填充缝隙勾补边缝。

01 木门窗

—该工程包括门窗及其相关五金件的施工。所用材料应当符合最新版特殊技术规范的要求，并符合《通用技术规范》，除非另有要求。

1. gaine: 电缆护套。此处同 Revêtement。

2. vis de façon isolante: 绝缘螺钉。

3. douilles à vis: 螺口灯座。

4. douilles à baïonnettes: 卡口灯座。

5. montant: 门（窗）桄。门窗框靠边的两根垂直支柱。

6. D.T.U.: 《通用技术规范》。Document Technique Unifié。

-Toutes les menuiseries pour huisseries[1], bâtis[2], chambranles[3], fenêtres et châssis[4] seront en bois rouge du nord[5] (1er choix).

-Les pièces d'appui[6] seront à double feuillures et comporteront dans la feuillure une rainure à buée avec une ou deux busettes[7] en laiton suivant la largeur des pièces et ce pour faciliter l'écoulement des eaux.

-Les montants des dormants[8], les montants des rives[9] ainsi que les traverses[10] hautes seront à doubles feuillures. Les différents ouvrants[11] seront à feuillure simple.

-Les menuiseries extérieures seront exécutées conformément aux règles de l'art et suivant les plans d'exécution.

-Toutes les portes doivent être en hêtre.

1- Entretien et protection des ouvrages[12]

-Les ouvrages seront protégés par tous les moyens et contre toutes détériorations, les épaufrures, éclats ou autres défauts qui apparaîtraient au cours des travaux seront réparés aux frais de l'entrepreneur. Tous les bois employés seront en sapin de nord (bois rouge).

2- Révision des ouvrages après peinture

-Après exécution des travaux de peinture, le menuisier devra procéder à la révision générale de ses ouvrages afin d'en assurer le bon fonctionnement, il sera tenu de faire tous huilages et jeux[13] divers avec dépose et repose s'il y'a lieu des ouvrages.

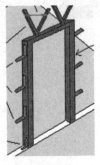

1. huisseries

3. chambranles

4. châssis

5. bois rouge du nord

7. busettes

—所有的门窗樘、门窗框、门窗套、窗子、门窗框架均应使用北方红木（最佳）。

—所有外窗台板应当是双槽口结构，且槽口内包括一个导水槽，根据外窗台板宽度设置一到两个黄铜排水孔，便于泄水。

—窗框梃子、边框以及上横框均为双槽口。各种门窗扇为单槽口。

—外门窗应当按照相关工艺规范和施工图纸进行施工。

—所有的门应为山毛榉材质。

1- 门窗安装成品的保养和保护

—施工过程中，应采取一切措施保护门窗免受损坏。如有损伤、破裂或出现其它缺陷，应由承包商自费修复。使用的所有木材均应为北方冷杉木（红木）。

2- 油漆工程后的木门窗调试

—油漆工程结束后，木工匠人应对所有门窗进行全面调试以保证其运行良好。如有需要，应进行必要的油润滑的涂抹，并通过拆装调整间隙。

Pièce d'appui
monobloc de 130 x 60

6. pièces d'appui

8. dormants

1. huisseries: 门（窗）樘。即门（窗）框。围着门道两旁和顶上的边框和上槛。法语中用于指隔墙的门（窗）框。

2. bâtis: 门（窗）樘。即门（窗）框。围着门道两旁和顶上的边框和上槛。法语中用于指外墙的门（窗）框。

3. chambranles: 门（窗）套。

4. châssis: 门（窗）框架。包括所有门窗框和门窗扇的框架。

5. bois rouge du nord: 北方红木。此为直译。一般指生长在干燥和严酷气候条件下的松木。木质均匀。

6. pièces d'appui: 外窗台板。见图。

7. busettes: 排水孔。

8. dormants: 窗框。指窗户固定、不能活动的部分。对应的是 ouvrant（窗扇），即可以开闭的活动部分。

9. montants des rives: 边框。指门窗框两侧垂直的门窗梃。

10. traverses: 横框。指门窗上横向的框架条。

11. ouvrants: 门窗扇。参见"dormant"注释。

12. ouvrages: 工程。与"travaux"不同，后者指未完工工程，前者指已完工工程。故此处翻译为"门窗安装成品"。

13. jeux: 间隙。

3- Vérification des matériaux-essais

-Tous les bois employés pour la menuiserie pourront être soumis aux essais permettant de déterminer les facteurs suivants:

-Rétractabilité volumétrique[1] (rétractabilité totale et coefficient de rétractabilité).

   -Humidité.

   -Dureté.

   -Fonçage[2] et collage.

-La réception de toute la menuiserie se fera avant l'opération de ferrage[3] et pose, par l'ingénieur conseil. Nonobstant ces essais et le contrôle du représentant du maître de l'ouvrage, l'entreprise reste responsable de toutes les conséquences de la qualité de ces matériaux.

4- Quincaillerie-Serrurerie

-Tous les articles de serrureries, de quincailleries, seront de bonne qualité, de 1er choix et soumis au préalable à l'approbation du maître d'œuvre.

-Les paumelles[4] seront en acier laminé[5] avec une bague en laiton, elles seront en force appropriées au poids et à la dimension des ventaux.

-Les serrures, paumelles et autres pièces de mouvement seront livrées en parfait état de fonctionnement et de réglage. Elles seront graissées après exécution des travaux de peinture.

02 Menuiserie aluminium

Mur rideau

Fourniture et pose de mur rideau de type PARCLOSE (VEP[6]) conforme aux prescriptions techniques ci-jointes coloré du double vitrage feuilleté[7] type « SECURIT » selon recommandation du maître d'œuvre y compris tous accessoires de fourniture et pose pour un résultat parfait et conforme aux règles de l'art et toutes sujétions.

Mur Rideau pour Verrière

Mur rideau pour verrière série 42000 y compris vitrage épaisseur 2 cm en matière carbonate (plastic traité).

Verre Iraqui spécialisé différent couleur.

Menuiserie Aluminium

Menuiserie Aluminium (type Mischler):

Le lot menuiserie aluminium comprendra les fenêtres et les baies vitrées[8] de la cour.

Fourniture pose et scellement de fenêtre en aluminium type Mischler coloré y compris pré cadre en aluminium, et vitrage en stop sol[9] épaisseur 5 mm couleur au choix du maître d'œuvre.

La quincaillerie de fermeture sera de haute qualité (1ère qualité) tels que: les serrures, les verrous...

3- 材料查验 - 测试

—门窗所用木材应提交测试，须检测下列指标：

—干缩率（总收缩性和收缩系数）

　—含水率

　—硬度

　—冲击韧性和附着力

—铁件安装和门窗安装之前，监理工程师将对所有门窗进行验收。尽管进行了测试，且业主代表也参与检查，但是因为材料质量所导致的一切后果，将仍由承包商负责。

4- 五金—锁具

—所有的锁具和五金件均应是高质量的一级产品，并应事先提交设计单位审批。

—合页材质应为轧钢，连接环为黄铜，其承受力应当与门窗扇的尺寸和重量相适应。

—所有锁具、合页和其它活动件在供货时应保证调试和运行状态良好。油漆工程结束后，应对其进行润滑处理。

02 铝合金门窗

幕墙

　　按照随附的技术规范，供应和安装 PARCLOSE 型（明框玻璃幕墙）的彩色幕墙，并按照设计师的要求，采用 SECURIT 型双层"强化玻璃"。含所有配件、负责供货和安装，保证优质效果，且须符合工艺要求，也含各种附加费用。

幕墙玻璃

　　42000 系列幕墙玻璃，含玻璃，厚度 2 厘米，碳酸酯（经处理的塑料）材质。

　　特种玻璃，Iraqui 牌，各种颜色。

铝合金门窗

　　铝合金门窗（品牌 Mischler）：

　　铝合金门窗部分包括窗户和庭院的观景窗。

　　铝合金门窗的供货、安装，品牌 Mischler，彩色，含铝合金门窗框预埋施工、和落地玻璃安装，厚度 5 毫米，颜色由设计工程师选定。

　　五金锁具应为高品质（一级）产品，例如：锁具，插销……

1. Rétractabilité volumétrique: 干缩率。表示木材干缩程度的指标，即干燥前后木材尺寸的变化率。

2. fonçage: 冲击韧性。木材冲击韧性是木材吸收能量和抵抗反复的冲击的能力。

3. ferrage: （门上）铁件安装。门上各种金属件的安装工作。

4. paumelles: 合页。又称铰链。两折式，是连接门框与门扇的部件。常用于橱柜门、窗、门等。

5. acier laminé: 轧钢。用轧辊将钢锭改变形状所得到的钢材。

6. Verre extérieur parclosé: 明框玻璃幕墙。

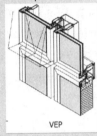

VEP

7. vitrage feuilleté: 夹层玻璃。也称为"夹胶玻璃""强化玻璃"，常用作防弹玻璃或防火玻璃。

8. baies vitrée: 玻璃观景窗。

9. en stop sol: 落地式。

Accessoires

Ils concerneront la fixation du vitrage, l'étanchéité à l'air[1] et à l'eau, la protection du vitrage, la fixation de protection extérieure et intérieure et pour l'aération et la ventilation.

03 Menuiserie Métallique + Fonte

1- Menuiserie métallique et ferronnerie[2] (en fer forgé) :

-Le lot menuiserie métallique et ferronnerie (en fer forgé) comprendront les ouvrages suivants:

- Les portes d'entrée cour et villas.
- Les gardes corps avec main courantes pour balcons.
- Les trappes d'accès aux terrasses.
- Les gardes corps avec main courantes pour escaliers.
- Les gardes corps pour loggias et balcons.

2- Quincaillerie-Serrurerie

- Tous les articles de serrureries, de quincailleries, seront de bonne qualité, de 1er choix et soumis au préalable à l'approbation du maître d'œuvre.
- Les paumelles seront en acier laminé avec une bague en laiton, elles seront en force appropriée au poids et à la dimension des ventaux.
- Les serrures, paumelles et autres pièces de mouvement seront livrées en parfait état de fonctionnement et de réglage. Elles seront graissées après exécution des travaux de peinture.

LOT 08 PLOMBERIE / SANITAIRE ET EVACUATION

Les travaux décrits au présent lot comprennent :
- Alimentation en eau potable EF/EC.
- Alimentation gaz.
- Evacuation.

01 Alimentation eau potable

- Ces travaux comprennent:
- La colonne montante[3], qui sera réalisée en tube galvanisé fileté[4] non chromé conformément aux règles du service responsable de la distribution de l'eau.

配件

主要包括玻璃固定，气密和水密处理，玻璃保护，内外侧保护设置，以及通风和换气件的固定安装。

03 金属门窗和铸铁门窗
1- 金属门窗和铸铁门窗
—金属门窗和铸铁门窗包括以下工程内容：

—院子大门与别墅大门；

—阳台带扶手的栏杆；

—露台入口门；

—楼梯带扶手的栏杆；

—回廊和阳台的栏杆；

2- 五金—锁具
—所有的锁具和五金件均应是高品质的一级产品，并应事先报设计单位批准。

—合页材质应为轧钢，连接环为黄铜，其承受力应当与门窗扇的尺寸和重量相适应。

—所有锁具、合页和其它活动件在供货时应保证调试和运行状态良好。油漆工程结束后，应对其进行润滑处理。

标段 08 管道 / 洁具与排水工程
本标段所述工程包括：

—饮用冷热水供应工程

—供气工程

—排水工程

01 饮用水工程
—本项工程包括：

—执行供水部门规定，上水管选用未镀铬的、带螺口镀锌管。

1. étanchéité à l'air: 气密。即防止进风等。

2. Ferronnerie: 铁件。也称"铸铁装饰件"等。

3. colonne montante: 上水管。对应的是"下水管"。前者负责供水，后者负责排水。

4. fileté: 带螺口的。即管子端头已经加工好螺纹，便于后续连接。

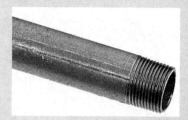

02 Distribution intérieure EC/EF

-Les travaux comprennent l'alimentation et la distribution des eaux pour les besoins sanitaires et cuisines qui seront réalisés en tube cuivre assemblés par broches de fixation[1] et colliers[2]. Tous ces travaux seront exécutés suivant les plans de C.E.S et schémas axonométriques[3] d'eau froide (EF) et d'eau chaude (EC).

03 Alimentation gaz

-Le réseau sera réalisé suivant les normes des organismes de contrôle responsable de la distribution du gaz.

04 Distribution intérieure

-Les travaux seront prévus pour tout type d'appareil fonctionnant au gaz (cuisinière, chauffage et chauffe-eau) et seront exécutés en tube de cuivre de différents diamètres suivant les plans et schémas axonométriques.

-Pour le gaz un soin particulier sera apporté pour la fixation des canalisations, notamment le contact entre les différent métaux, afin d'éviter les phénomènes d'électrolyse[4]. Pour cela, on placera des garnitures, isolantes entre le tube et le collier.

-Les piquages sur tube cuivre sont interdits. Ces assemblages se feront exclusivement avec des tés[5] et autre pièces de raccordement de commerce, les soudures seront exécutées par brasage capillaire[6] (brasure d'argent).

05 Les essais d'étanchéité

-Après avoir vérifié que tous les joints sont posés et les raccords vissés, l'entreprises doit effectuer des essais et vérification sur la bonne étanchéité et la solidité des soudures (eau et gaz), et ce en présence de l'ingénieur conseil.

06 Fourreaux en PVC[7]

-Ils seront posés aux travers des cloisons et devront être complétés d'un matériau absorbant toute transmission phonique.

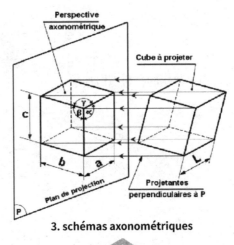

3. schémas axonométriques

02 室内供水管（冷热）

—本项工程包括厨房和卫生间的供水，管道采用铜管，用固定销钉和卡环进行组合安装。本项工程均应按照主体辅助工程图纸和冷热水轴测示意图施工。

03 燃气管路

—燃气管路应按照燃气供应有关监管机构的标准施工。

04 室内供气

—本项工程应包含各种用气设备（炉具、取暖器、热水器）的供气，按照图纸和轴测示意图，选用不同管径的铜管。

—对于燃气管线，应特别注意管道固定，尤其是和金属间的接触点，要避免发生电解腐蚀现象。因此，在管道和管箍之间需要加装衬片或绝缘垫片。

—禁止在铜管上凿孔。管道的组装只能采用三通和其它商用连接用管件。焊接应采取毛细钎焊方法（银钎料）。

05 密闭性试验

—所有连接点安装到位，接头旋紧，并经检查之后，承包商应对密闭性和焊接牢固性（水和气）进行试验和检验，且监理工程师应到现场。

06 PVC 套管

—该 PVC 套管用于穿墙管线，并且应该使用吸音材料填充结实。

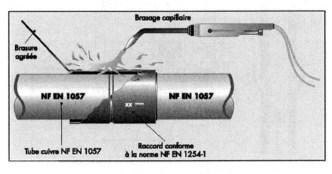

6. brasage capillaire

1. broche de fixation：固定销钉。见图。

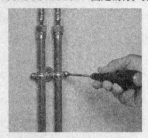

2. colliers：卡环。见图。

3. schémas axonométriques：轴测图。即三个坐标面在一个投影上都能看到的施工示意图。

4. phénomènes d'électrolyse：电解腐蚀现象。也称"杂散电流腐蚀"。对金属表面产生腐蚀，甚至穿孔等。

5. té：三通管。管件的一种。

6. brasage capillaire：毛细钎焊。指将焊料和焊件同时加热，并让焊料流入焊件间的缝隙。

7. Fourreaux en PVC：PVC 套管。

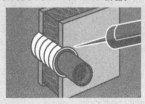

07 Evacuation-Eaux usées et Eaux pluviales (EU / EP)

-Les canalisations, objet du présent chapitre, ont pour but d'assurer l'évacuation rapide et sans stagnations des eaux chargées, provenant des appareils sanitaires et des eaux de pluie recueillies.

-Les plus grandes précautions seront prises pour éviter la pénétration d'air vicié provenant des égouts et des canalisations d'écoulement dans les locaux.

-En vue de cela, des descentes d'eaux usées (EU) doit être prolongées en ventilation primaire[1] en toiture et les appareils sanitaires doivent être munis de siphons[2].

-Toutes les descentes d'eaux usées, ainsi que les chutes d'eaux pluviales[3] seront réalisées en tuyaux P.V.C à emboîtement[4].

-La fixation de ces descentes et chutes sera exécutée au moyen de colliers en fer galvanisé à doubles boulons de scellement, posés à raison d'au moins un par élément d'un mètre.

-Les descentes E.U devront être obligatoirement prolongées en ventilation primaire en toiture par un tuyau dans la hauteur du dernier étage, et d'un diamètre correspondant à celui de la descente.

-Les travaux prévus au présent lot se limiteront au niveau de la sortie du bâtiment, y compris, bien sûr les regards intérieurs de sortie. A partir de la sortie du bâtiment, l'évacuation des eaux usées et pluviales fera partie du lot V.R.D.

08 Evacuations des appareils sanitaires

-Les travaux d'évacuations desservant les appareils sanitaires, seront réalisés en P.V.C. Ils partiront des siphons des appareils, et seront branchés sur les descentes par l'intermédiaire des tés et des culottes[5], selon les plans.

-Les diamètres de canalisation vidange des appareils sanitaires seront les suivants: W.C: Ø 100/110/125.

09 Pose des appareils sanitaires

-Les appareils sanitaires seront posés à niveau, la fixation au mur se fera par consoles[6] immobilisant l'appareil par goujons filetés à contre écrous[7] et à scellement par vis sur taquets scellés ou chevillés[8].

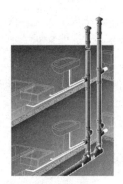

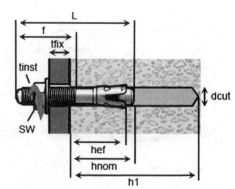

1. ventilation primaire   4. à emboîtement   7. goujons filetés à contre écrous

07 排水 - 废水和雨水

—本节所涉及到的管道用于卫生洁具产生的污水和收集的雨水的排放，保证排水快速及时、畅通无阻。

—应当采取预防措施以避免来自下水道和排污管道的污浊气流进入房间。

—为此，废水下水管应延长至屋面排气口，卫生洁具均应安装存水弯。

—所有污水下水管以及雨水管均使用 PVC 管道，均应采用承插安装方式。

—这些落水管将采用双螺栓镀锌管卡进行固定，每一米至少安装一个管卡。

—污水下水管必须延长至最高层屋面排气口，排气口管径应与落水管一致。

—本标段所述工程均限于建筑物出口处。当然包含出口处的室内检修口（窨井）。自建筑物出口起，废水及雨水排放便属于"道路管网工程标段"。

08 卫生洁具排水

—与卫生洁具相连的排水管道选用 PVC 管道。根据图纸，管道从卫生洁具的存水弯开始，通过三通和斜三通，连接至下水管。

—卫生洁具排水管管径如下：卫生间：Ø 100/110/125。

09 卫生洁具安装

—卫生洁具应当水平安装，如需安装在墙上，则需借助托座，托座采用膨胀螺杆固定，洁具用螺丝固定在卡扣上，卡扣采用预埋或膨胀螺丝固定。

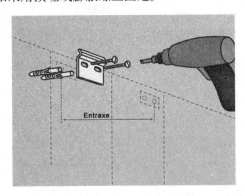

8. scellement par vis sur taquets scellés ou chevillés

1. ventilation primaire：屋面排气口。用于排除下水管的臭气。

2. siphon：存水弯。在下沉弯中的存水，可防止臭气流入房间。

3. chutes d'eaux pluviales：雨水管。

4. à emboîtement：承插式。

5. culottes：斜三通。

6. Consoles：托座。即卫生洁具的支架。

7. goujons filetés à contre écrous：膨胀螺丝（杆）。通过旋紧螺母，让螺杆像销钉一样稳固在墙上。

8. scellement par vis sur taquets scellés ou chevillés：用螺丝固定在卡扣上，卡扣采用预埋或螺丝固定。

-Les têtes seront isolées de la céramique par des rondelles en plomb ou en caoutchouc, la fixation au sol se sera par vis en métal inoxydable sur chevilles[1], les têtes étant isolées de la céramique.

-L'installation des différents appareils sera conforme aux plans et schémas fournis par l'ingénieur conseil.

N.B:

-Tout les appareils sanitaires, ainsi que la robinetterie mélangeurs seront de bonne qualité, de 1er choix et soumis au préalable à l'approbation de l'ingénieur conseil.

-Après raccordement de tout l'appareillage sanitaire, des essais à pression normale sont nécessaire, et ce afin de vérifier l'écoulement des eaux, ainsi que l'étanchéité des évacuations.

—螺栓头部应当加装铅质或橡胶垫圈与陶瓷品隔离，地面
固定应该使用防锈金属螺丝，固定在膨胀螺丝上，螺
栓头部应与陶瓷制品隔离开。

—各种洁具均应按照监理工程师提供的图纸和示意图
安装。

注意:

—所有的卫生洁具和混水龙头应当是高品质一级产品，并
提前报监理工程师审批。

—所有卫生洁具连接完成之后，须进行常压测试，检查水
流的通畅性和排水密封性。

1. Chevilles: 膨胀螺丝。

Chapitre 07

Descriptif des travaux (III)

第七章　工程说明（三）

1. Peinture：油漆粉刷。包含油漆、水性或油性涂料等。

2. Peinture en griffe：肌理涂料。涂料未干前，用铁齿工具划出肌理纹路。

3. Enduits préparatoires：腻子。刷涂料前，给墙面抹灰，并砂平，称为刮腻子。

4. Vitrerie：玻璃门窗。集合名词，指一幢建筑全部安装有玻璃的门窗或玻璃墙等。不同于 vitre，后者仅指玻璃片（板）

5. Calepinage en Fresque：壁画拼图。

Articles divers Qualité/Fourniture/Origines/Contrôle et Stockage
des matériaux utilisés et produits fabriqués
01 Qualité
02 Fourniture des matériaux et produits fabriqués
03 Origines des matériaux et produits fabriqués
04 Qualité préparation et contrôle des matériaux
05 Stockage
06 Enumération détaillée des matériaux

LOT 09 Peinture/vitrerie

- Au titre du présent lot, les travaux comprendront:
    - Peinture vinylique sur murs et plafonds extérieurs et intérieurs.
    - Peinture à la tyrolienne[1] sur mur extérieur.
    - Peinture à l'huile sur murs et plafonds intérieurs.
    - Peinture à l'huile sur menuiserie bois.
    - Peinture à l'huile sur menuiserie métallique.

01 Peinture vinylique sur murs et plafonds extérieurs

-Au préalable sur l'ensemble des parois, il sera appliqué deux couches de peinture
 vinylique suivant les règles de l'art.

-Pour la cage d'escalier[2] il sera appliqué deux couches d'enduits de préparation suivi
 d'une couche d'impression et de deux couches de finition.

02 Peinture en griffe sur murs extérieurs

-Peinture en griffe exécutée en deux couches sur murs extérieurs selon découpage des
 plans et détails de façades, et sous bassement[3] (h:1,20 m) de cage d'escalier.

1. peinture à la tyrolienne   2. cage d'escalier

> **其它条款 用料及制成品的质量、供货、产地、检验与储存**
>   01 质量
>   02 材料和制成品的供货
>   03 材料和制成品的产地
>   04 材料生产质量和检验
>   05 储存
>   06 材料详细清单

标段 09 油漆粉刷 / 玻璃

一本标段的工程包括：

   一室内外墙面和天花板的乙烯涂料粉刷

   一"蒂罗尔式"外墙粉刷

   一室内墙面和天花板油漆涂刷

   一木门窗油漆涂刷

   一金属门窗油漆涂刷

01 室外墙面和顶棚乙烯涂料粉刷

一应根据施工工艺规范事先对所有墙壁涂刷两层乙烯涂料。

一在楼梯间，先做两遍抹灰，然后一层底漆，两层面漆。

02 外墙肌理涂料

一根据图纸上的分区和外观详图，在外墙和楼梯间墙裙（高度为 1.2 米）涂刷两层肌理涂料。

3. sous bassement

1. peinture à la tyrolienne："蒂罗尔式"外墙涂刷。用当地河沙、白水泥和水按比例混合，并由当地工匠进行人工喷涂。这种外墙材料不仅造价低廉，能长时间经受干热天气的考验，而且可以反复修补而没有痕迹。

2. cage d'escalier：楼梯间。

3. sous bassement：墙裙。即墙面的下部、借以保护墙面、免受污损，并起装饰作用的装修部分。注意与 soubassement 的区分。后者是"墙基"。

03 Peinture spéciale au Steko

-Peinture spéciale au Steko

04 Peinture vinylique sur murs et plafonds intérieurs

-Sur l'ensemble des parois ayant reçu un enduit au plâtre, il sera appliqué une couche d'impression et deux couches de finition sur murs et plafonds et ce après avoir achevé tous les travaux préparatoires, d'égrenage[1], ponçage[2], rebouchage[3], et enduits.

05 Enduits préparatoires[4]

-Les murs et plafonds des pièces humides (SDB, WC et cuisines), deux couches d'enduits préparatoires seront exécutées après ponçage et brossage de toutes les poussières. Pour les murs et plafonds des cages d'escaliers, deux couches d'enduits préparatoires seront exécutées dans les règles de l'art.

06 Peinture à l'huile sur murs et plafonds intérieurs

-Pour les salles de bain, WC et cuisines, il sera appliqué une couche d'impression au vinylique, suivi de deux couches de finition de peinture à l'huile sur les murs et plafonds intérieurs.

07 Peinture à l'huile sur menuiserie métallique

-Après décalaminage et s'il y a lieu un dégraissage, il sera procédé à un époussetage très soigné avant l'application d'une peinture antirouille. Les feuillures[5] et les parcloses[6] recevront celle-ci avant la pose des vitres. La peinture antirouille comprendra une couche de minium de plomb[7] suivi de deux couches de peinture à l'huile. Il est entendu que les travaux préparatoires sont compris dans la peinture.

08 Mode d'exécution

-Les couches successives, légèrement différentes du moins clair au plus clair, seront appliquées au rouleau[8] ou à la brosse[9] après approbation de l'ingénieur conseil.

| 1. égrenage | 2. ponçage | 3. rebouchage |

03 斯泰科 Steko 特殊涂料

—斯泰科 Steko 特殊涂料涂刷

04 室内墙面和天花板乙烯涂料粉刷

—在所有墙面石膏涂层施工完成后，室内墙面和天花板需刷一层底漆，然后两层面漆。在此之前，应做好铲平、砂光、填堵补平和抹灰等准备工作。

05 刮腻子

—对于有水房间（浴室、厕所和厨房）的墙面和天花板，砂光并清除所有粉尘之后，刮两层腻子。对于楼梯间的墙壁和天花板，也应按照施工工艺做两层腻子。

06 室内墙面和天花板刷油漆

—浴室，卫生间和厨房等室内墙面和天花板，需涂刷一层乙烯底漆，然后再刷两层油性面漆。

07 金属门窗刷油漆

—清除污垢和油渍后，应当仔细清除尘土，然后涂刷防锈漆。在安装玻璃之前，边槽和卡条也应当刷防锈漆。防锈涂刷包括一层红丹，然后两遍油漆。油漆涂刷包含相关准备工作。

08 施工方式

—连续涂刷，颜色由深至浅，使用滚筒或漆刷，油漆前应当征得监理工程师准许。

4. Enduits préparatoires

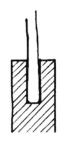

5. feuillures

1. égrenage：铲平。铲掉墙上的凸出颗粒等。

2. ponçage：砂光。用砂纸或类似工具将墙面打磨平整。

3. rebouchage：填堵补平。

4. Enduits préparatoires：腻子。

5. feuillures：边槽。即门窗框上槽沟，用于装玻璃。

6. parcloses：卡条。用于玻璃在边槽中的固定。

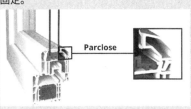

7. minium de plomb：红丹。即四氧化三铅，俗称"铅丹"，有毒，防锈颜料，鲜桔红色粉末或块状固体。

8. rouleau 滚筒。

9. brosse：漆刷。

-Chaque couche sera correctement croisée, une nouvelle couche ne sera appliquée qu'après une révision complète. Les aspérités ou irrégularités étant effacées, les gouttes et coulures grattées.

-Une couche ne sera appliquée sur la couche précédente qu'après séchage complet de celle-ci en général de 48 h. Toutefois, ce délai peut être de 24 h pour certaines peintures.

09 Vitrerie

Il sera prévu un vitrage de tous les ouvrages, prévus aux chapitres suivants :
- Menuiserie intérieure,
- Menuiserie extérieure,
- Tel qu'il est défini au présent devis descriptif et sur les plans de détails d'exécution.
- Les épaisseurs indiquées sur les plans ont été déterminées en fonction des dimensions des éléments à vitrer. Après pose, tous les verres seront marqués au blanc de craie.

10 Mise en œuvre

-L'ensemble des vitrages sera mastiqué et contre mastiqué à l'aide de mastic[1] (aux huiles diverses) ne jaunissant pas.

-Le contre mastique devra être appliqué à fond de feuillures sèches, préalablement imprimé.

-Un solin[2] est un dispositif visant à assurer l'étanchéité d'une construction.

-La réalisation des solins ou masticages ne dispense pas de maintenir les vitres par des pointes[3] (à vitrer) avec les jeux[4] de 2 mm environ et les calages[5] nécessaires.

-Les pointes (ou aggraves en losange[6]) seront espacées d'au plus de 40 cm.

-Le mastic sera refoulé sans vide, ni poche d'air[7] et bien serré, la surface apparente sera lisse et bien dressée.

11 Verres à vitre

-Les vitrages, autres que ceux définis aux articles suivants seront réalisés en verre clair de 1er choix, d'épaisseur finie aux plans d'exécution.

-Les verres devront être exempts de bulles[8], lentilles[9], etc. Ils seront posés à double joint de mastic[10].

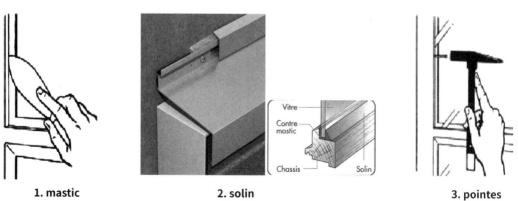

1. mastic   2. solin   3. pointes

—每层应当正确交叉覆盖，一层修补完毕，才能涂刷新的一层。须消除不平整处，并抹去滴痕和斑点。

—前一层完全干透之后，才能涂刷后一层，间隔 48 小时。但是，有的油漆 24 小时便可完全干透。

09 玻璃门窗

以下章节所涉及工程均含玻璃：

—室内门窗工程，

—室外门窗工程，

—在工程说明书和施工详图中注明的地方。

—图纸中标注的厚度是根据拟安装玻璃的尺寸确定。安装完成后，应当在所有玻璃上用白色粉笔做警示标记。

10 安装

—所有玻璃都应在玻璃内外两侧抹油灰，采用不变黄的油灰（不同的油调和）。

—内侧油灰应当涂在干燥的边槽底部，须提前压填进去。

—泛水是建筑物上的防水装置。

—虽然做了泛水和油灰嵌固，但也应使用嵌固钉子（玻璃专用），须留出 2 毫米间隙，并进行必要的调整定位。

—钉子（或菱形钩子）最大间距不得超过 40 厘米。

—油灰压填应保证无空隙，无气泡，饱满密实，外侧表面应光滑而平直。

11 玻璃

—玻璃门窗，除以下条款规定之外，应采用一级浅色玻璃，玻璃厚度详见施工图。

—玻璃应无气泡，无斑点等。安装时双面压送油灰。

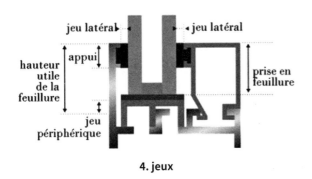

4. jeux

1. mastic：油灰。桐油和石灰的混合物，用来填充缝隙。

2. solin：泛水。建筑上用于将水排走的装置，以免水流入货渗透进缝隙。泛水有多种形式。

3. pointes：钉子。

4. jeux：间隙。

5. calages：调整定位。

6. aggraves en losange：菱形钩子。

7. poche d'air：气泡。

8. une bulle：气泡。玻璃中的空气。

9. lentilles：斑点。玻璃中的杂质造成的污点。

10. double joint de mastic：两次油灰。如图，在玻璃内外均应填加油灰，起到固定和防水的作用。

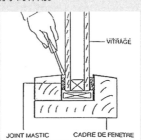

12 Verre stop soleil[1]

-Le vitrage des fenêtres, sera réalisé en verre stop soleil posé avec joint[2].

13 Verre armé[3]

-Le vitrage des portes d'entrées d'immeubles, seront réalisées en verre armé, posé à double bain de mastic et contre mastic.

14 Nettoyage

-En fin de chantier, avant la réception provisoire, l'entrepreneur du présent lot devra faire un nettoyage complet de ses vitres et vitrages.

Lot 10 Calepinage en Fresque Marbre
01 Provenance

Tous les matériaux nécessaires à l'exécution des travaux devront provenir de carrière ou d'usines agrées par le Maître de l'œuvre.

L'agrément devra être demandé par le partenaire cocontractant en temps utile et la demande, sera appuyée de procès-verbaux et d'essais, d'échantillon, référence justifiant que la qualité des matériaux est conforme aux descriptions techniques et normes en vigueur.

02 Echantillon

Le partenaire cocontractant est tenu de soumettre à l'approbation du Maître de l'œuvre des échantillons de chaque matériau qu'il compte utiliser.

Les échantillons, une fois acceptés et agrées, seront gardés par le Maître de l'œuvre et serviront de témoin[4] pour la réception des travaux de même nature au cours de l'exécution.

Lot 11 Aménagements Extérieurs (VRD/Murs de Clôture/Poste de Contrôle+)
01 MURS DE CLOTURE

Il sera constitué en B.A et en maçonnerie d'épaisseur 0,20 passant le niveau du terrain avec raidisseurs[5] et semelles isolées[6]. Un élément en ferronnerie en fer forgé sera ancré au mur de clôture, qui suit les courbes de niveaux[7].

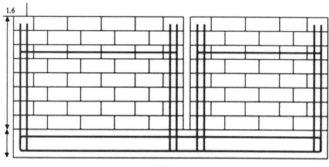

5. Raidisseurs

12 遮光玻璃

—窗户玻璃应当使用遮光玻璃，安装时加装密封条。

13 夹网玻璃

—楼房入户门上的玻璃采用夹网玻璃，安装时双面压送两
次油灰。

14 清洁

—施工结束时，临时验收前，本标段的承包商应将门窗和
玻璃进行全面清洁。

标段 10 大理石壁画拼图
01 产地

本标段工程施工所需的所有材料应来自设计师批准的
石料场或工厂。

承包商应在有效时间内申请许可，并附上测试记录，
测试报告，样品，参数资料等文件作为申请附件，以证明
材料质量符合现行的技术规范和标准。

02 样品

承包商应将其计划使用的各种材料样品报送给设计师
以便其审批。

这些样品，一旦被接受和获得许可，将由设计师保管，
并作为施工过程中同类材料验收的参照范样。

标段 11 室外设施（道路管网＋围墙＋门禁＋）
01 围墙

围墙应采用钢筋混凝土和砌体，超出地面高程部分厚
度为 20 厘米，使用加强筋和独立基础。顺着水平曲线，
在围墙上安装铸铁件。

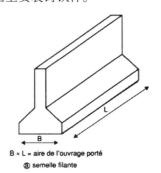
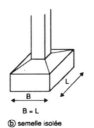

B × L = aire de l'ouvrage porté
ⓐ semelle filante

B = L
ⓑ semelle isolée

6. semelles isolées

1. verre stop soleil：遮光玻璃。

2. joint：密封条。

3. verre armé：夹网玻璃或夹丝玻璃。玻
璃中夹有金属网。

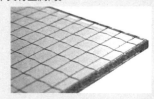

4. témoin：参照范样。作为验收的比照参
考式样。

5. Raidisseurs：加强筋。在墙中加钢筋，
增强坚固度。

6. semelles isolées：独立基础。也称"独
立基础承台"。不同于 semelle filante"（条
基，也称"条形基础承台"）。

7. courbes de niveaux：水平曲线。这里
指围墙高度不统一，随着围墙高度安装铁
件。

02 ASSAINISSEMENT/FOUILLE EN TRANCHEE

L'exécution de la tranchée devra permettre la pose correcte des buses[1].

La largeur sera au minimum supérieur à 40 cm au diamètre la buse.

Le tracé sera rectiligne et les pentes figurant sur les plans devront être respectées, avant la pose des canalisations, la tranchée devra être purgée de toutes impureté solide tel que rocher, bloc etc⋯

Un lit de pose en sable d'une épaisseur de 0,50 m est mis sous la conduite.

L'entreprise apportera un soin particulier à l'exécution des puits ainsi qu'au raccordement des tuyaux avec les regards. Aucune aspiré[2] ne sera tolérée.

Les parois et les radies de regards auront une épaisseur de 0,15 m, le fond du regard sera aménagé en gorge semi-circulaire[3] prolongée par des parois verticales jusqu'à la hauteur de la génératrice supérieure[4] de la canalisation y aboutissant.

Les canalisations seront en ciment comprimé armé ou non suivant le diamètre.

Les regards seront circulaires ou carrés de 80 cm de large, en maçonnerie de 0,15m ou en béton avec un enduit lisse à l'intérieur.

Les avaloirs[5] seront carrés de 50cm de large extérieur avec une grille[6] métallique confectionné suivant les plans.

Ils seront lisse enduit au ciment CPA 325 dose 350 Kg/m^3.

03 A.E.P ET INCENDIE

Les canalisations du réseau d'alimentation en eau potable et du réseau incendie[7] devront passe en circulaire qui devront passer sous tranchées.

Le réseau d'AEP sera en PVC pouvant résister à une pression de 10 Bars.

Les joints et les raccordements des bouches doivent être bien exécutés à la colle spéciale PVC.

Les bouches d'arrosage[8] seront normalisées d'un φ20.

Le réseau d'eau potable sera branché à la bâche à eau[9] construite à cet effet équipé d'une station de surpression pouvant fournir un débit et une pression suffisante pour l'alimentation de tous les blocs[10].

Le réseau incendie est branché lui aussi à la bâche à eau.

1. buse

2. aspiré

3. gorge semi-circulaire

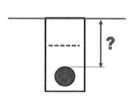

4. génératrice supérieure

02 排水 / 管沟开挖

管沟施工应当确保管道的铺设符合规定。

管沟宽度应至少大于管道直径 40 厘米。

管线应当笔直，且应当遵守图纸中标示的倾斜度。管道铺设之前，应当清理管沟内的坚硬杂质，如石头、石块等。

管道下方应铺设 0.50 米厚的砂垫层。

承包商应尤其注意窨井的施工，注意窨井与管道的连接。不允许存在任何缝隙。

窨井的内壁和底板厚度为 0.15 米，窨井底部将设置半圆形凹槽，并一直延伸到垂直井壁，凹槽高度要达到由此通过管道的上缘线。

管道使用水泥压制，根据直径确定是否加钢筋。

窨井为圆形或方形，宽 80 厘米，使用 0.15 米厚的砖砌或者混凝土，内壁抹灰平滑。

落水井为方形样式，外沿尺寸 50 厘米，含根据图纸制作的金属格栅。

应使用 CPA325 水泥按照配比 350 千克 / 立方米的砂浆抹平。

03 饮用水供应与消防

饮用水供水管道和消防管道应形成回路，铺设在管沟里。

饮用水供水管道采用 PVC 管，并可承受 10 巴压力。

接口和转接头应采用特殊 PVC 胶粘接。

喷淋口的标准直径为 φ20。

饮用水供水管网应当连接至专用蓄水池，水池配备加压站，可保证所有楼栋供水的流量和压力。

消防管道也与蓄水池连接。

1. buse: 管道。

2. aspiré: 缝隙。

3. gorge semi-circulaire: 半圆形凹槽。

4. génératrice supérieure: 管道上缘线。即管道顶部与地面之间的距离。也可称为"管道深度"。

5. avaloir: 落水井。收集、引导屋面雨水流入排水管的装置。也称为"地漏"。

6. grille: 格栅。落水井上方用于过滤渣滓的装置。

7. réseau incendie: 消防管道。

8. bouches d'arrosage: 喷淋口。

9. bâche à eau: 蓄水池。

10. Blocs: 楼栋。指楼盘中的各幢楼。这里不是"块"的意思。

5. avaloir

6. grille

04 AMENAGEMENTS EXTERIEURS
- Route de circulation et parking.

Après terrassement et mise à niveau[1] du terrain, la voirie et le parking recevront une couche de base en pierre de tufs[2]. Sur épaisseur moyenne de 0,15 m bien arrosé et damé au cylindré.

Articles divers Qualité/Fourniture/Origines/Contrôle et Stockage des matériaux[3]
01 Qualité

Tous les matériaux et produits entrant dans l'exécution de l'ouvrage seront de premier choix, ils ne devront en aucun cas, présenter des défauts susceptibles de compromettre la bonne exécution des ouvrages.

02 Fourniture des matériaux et produits fabriqués

Toutes les fournitures des matériaux et des produits fabriqués qui ne sont pas expressément exclus par le présent cahier des prescriptions et qui sont destinés à être incorporés aux ouvrages, incombent au partenaire cocontractant.

En tout état de cause, les matériaux et produits devront, d'une manière générale, satisfaire aux normes et conditions fixées par les catalogues nationaux homologués par voie réglementaire et gérés par le « C.N.E.R.I.B[4] ».

A défaut de stipulation du dit cahier concernant certains matériaux ou dans le cas de dérogation à certaines dispositions de ces catalogues nationaux proposés par le partenaire cocontractant[5], ce dernier devra, avant toute utilisation, obtenir l'autorisation expresse du service contractant[6], qui statuera sur la vue des documents techniques justificatifs présentés à l'appui de sa proposition et éventuellement après essais.

03 Origines des matériaux et produits fabriqués

Les matériaux et produits fabriqués, nécessaires à l'exécution des travaux ou fourniture devront obligatoirement provenir de l'industrie Algérienne chaque fois que celle-ci sera en mesure d'y satisfaire dans les conditions techniques fixées au Marché, quel que soit les prévisions faites par le titulaire du Marché au moment de l'établissement de sa proposition.

Des dérogations ne pourront être accordées que si le titulaire apporte la preuve que l'industrie algérienne n'est pas en mesure de fournir les dits produits dans les délais normaux, après qu'il aura passé lui-même les commandes en temps opportun.

04 Qualité préparation et contrôle des matériaux

Les matériaux devront répondre aux spécifications de cahier des prescriptions communes pour les travaux dépendant de l'administration des travaux publics.

04 室外设施

—道路与停车区

土方施工及场地平整完成后，应使用凝灰岩石料为道路和停车场区域铺设一层基层。平均厚度为 0.15mm，充分洒水并借助滚筒压路机进行夯实。

其它条款 材料的质量 / 供应 / 产地 / 检验与存放
01 质量

工程施工使用的所有材料和制成品均应是一级产品，任何情况下，均不得存在可能影响工程正常施工的缺陷。

02 材料和制成品的供货

除非本招标细则有明确的例外规定，凡用于本项目的所有材料和制成品的供应均由承包商负责。

在任何情况下，这些材料和制成品均应符合由国家建筑技术研究与探索中心依法批准和管理的国家目录中的标准和条件。

如果本招标细则未对某些材料做出规定，或承包商指出与国家目录中的规定有矛盾之处时，承包商应当在材料使用前，征得发包方的明确许可。发包方在做出决定之前，将审核支持性技术佐证文件，必要时需进行测试。

03 材料和制成品的产地

无论本合同中标方在其方案制作时做出何种预测，本工程施工和供货所需的材料和制成品，只要阿尔及利亚厂家能够满足合同中规定的技术条件，必须来自阿尔及利亚厂家。

只有当中标方提供证据证明，已经及时下达了订单之后，阿尔及利亚厂家仍然无法在正常期限内供货，才允许考虑例外方案。

04 材料生产质量和检验

材料应当符合公共工程管理部门有关工程通用技术规范。

1. mise à niveau: 平整。

2. pierre de tufs: 凝灰岩石料。用于铺设道路或停车场路面，既可防止下陷，又可疏水。

3. 此处标题与目录不一致，但意思相同。这种情况在类似文章中多次出现，为保证真实素材的原貌，在不影响理解的情况下，未对原文做出改正。

4. C.N.E.R.I.B: 国家建筑技术研究与探索中心。Centre National d'Etudes et de Recherches Intégrées du Bâtiment。

5. partenaire cocontractant: 承包方。也可称为 "le co-contractant"。

6. service contractant: 业主，发包方。

Le service contractant se réserve le droit de contrôler tous les travaux, ateliers et magasins du partenaire cocontractant et de ses fournisseurs pour la fabrication comme pour le stockage et le transport de tous les matériaux.

Pendant toute la période de construction, le partenaire cocontractant donnera toutes facilités aux représentants dûment habilités du Service contractant pour permettre le contrôle complet des matériaux et de la qualité des travaux, ainsi que pour effectuer tous essais sur les matériaux.

Le partenaire cocontractant et les fournisseurs devront remettre aux laboratoires de contrôle toutes les qualités qui s'avéreraient nécessaires pour réaliser ces essais. Le nombre et la nature de ces essais seront définis par le Service contractant.

La sélection des échantillons sera effectuée par le Service contractant en présence du partenaire cocontractant qui en recevra un compte rendu.

Le service contactant se réserve le droit de prélever les échantillons à tout moment, de tous les matériaux destinés à être incorporés dans les ouvrages afin de procéder aux essais.

Le partenaire cocontractant fournira la main d'œuvre et le matériel pour l'obtention des échantillons, et accepter toute interruption occasionnée par ce fait ou par les résultats des essais. Le partenaire cocontractant respectera les consignes qui seront données soit en vue de contrôles, soit à la suite de ces contrôles. Dans le cas contraire, le service contractant pourra exiger par écrit l'arrêt des travaux qui ne pourront recommencer qu'au reçu d'une autorisation écrite.

Tous les résultats des essais seront communiqués par le partenaire cocontractant. Tous les matériaux et procédés de construction utilisés par les ouvrages, tous les essais effectués pour juger des qualités de ces matériaux seront agréés par le service contractant et conforme en principe aux normes AFNOR ou équivalentes, même si cela n'est pas explicitement indiqué dans les présentes spécifications. Quand ces normes feront défaut, le service contractant en fixera d'autres appropriées aux types de matériaux ou procédés à utiliser.

05 Stockage

Le stockage des matériaux, fournitures et produits fabriqués sera rationnel pour éviter les avaries, dégradations, etc.

Les éléments abîmés seront refusés et immédiatement enlevés du chantier.

06 Enumération détaillée des matériaux

Le partenaire cocontractant devra, avant exécution, recueillir l'agrément du service contractant sur la provenance des matériaux et lui soumettre tous procès-verbaux d'essais et tous échantillons nécessaires. Tout matériau ne répondant pas parfaitement à la destination prévue et qualité devra être enlevé et remplacé par le partenaire cocontractant à ses frais même s'il a été posé.

发包方保留检查承包商及其供应商的工程、车间和仓库的权利，检验所有材料的生产、储存和运输。

整个工程施工期间，承包商将为发包方的授权代表提供一切便利，以便其对材料和施工质量进行全面检查和进行材料测试。

承包商及其供应商应委托检测实验室进行所有必要的质量检验。测试次数和项目将由发包方确定。

发包方负责当着承包商抽取样品，后者将收到相关报告。

对于工程施工所用材料，发包方保留随时抽样测试的权利。

承包商为抽样提供人力和设备，并接受因测试结果导致的停工。承包商将遵从由于检验或检验结果而下达的所有指令。否则，发包方可以书面要求停工，无书面许可不可复工。

所有试验结果均将由承包商提供。即便本规定未作明示，但建筑物所用材料和施工方法、为检测材料质量所做的所有测试应征得发包方同意，并应原则上符合法国标准化协会（AFNOR）标准或同等标准。如果缺乏相应标准，发包方将确定适用于该材料类型和施工方法的其它标准。

05 储存

材料、供应物品、制成品的储存应当合理，以防止损失、毁坏等。

已损坏物品应禁止使用，且应将其立即清除出工地。

06 材料详细清单

施工之前，承包商应当就材料的来源征得发包方的许可，并向其提交必要的测试报告和样品。所有不符合用途和质量要求的材料将被撤除，并由承包商自费更换，即便这些材料已投入施工。

Chapitre 08

Bordereau des prix unitaires

PROJET : Réalisation d'une Cour de Justice à Oran

Lot n° 01 : Bloc Cour

1. TERRASSEMENT[1]

1.01 Terrassement général en excavation aux engins y compris c/foisonnement[2], transport à la décharge publique, main-d'œuvre ainsi que autres sujétions[3] de bonne exécution.

Mètre cube :

1.02 Remblais[4] en tuf[5] à exécuter conformément aux différents profils[6] du projet par couches successives[7], y compris compactage, arrosage, main-d'œuvre ainsi que toutes autres sujétions de bonne exécution.

Mètre cube :

1.03 Remblais des fouilles[8] à exécuter conformément aux différents profils du projet par couches successives, emploie des déblais provenant des terrassements en grande masse[9], rigoles (fouilles en rigoles)[10] ou en puits à l'exécution des terres végétales[11] y compris main-d'œuvre, réglage des sols, compactage aux engins ou à la main et toutes sujétions.

Mètre cube :

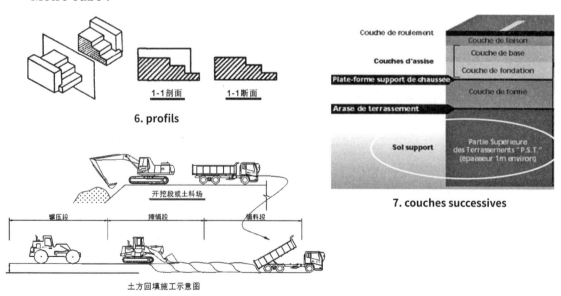

6. profils

7. couches successives

8. Remblais des fouilles

第八章 价项清单

项目: 奥兰法院建设工程
第一标段: 法院大楼

1. 土石方工程

1.01 机械施工普通土方工程，此价项包括松方系数、运至公共弃料场、人工、以及工程的其它相关费用。

立方米:

1.02 凝灰岩土方回填，根据图纸各不同的断面进行施工，逐层连续回填，包括夯实、浇水、人工以及工程的所有相关费用。

立方米:

1.03 基坑回填，根据图纸各不同的断面进行施工，逐层连续回填，利用大开挖、开挖沟槽和竖井所得土石，须剥离腐殖土，包括人工、平整地面、机械或人工夯实以及工程的所有相关费用。

立方米:

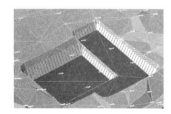

9. terrassements en grande masse

10. rigoles

11. terres végétales

1. Terrassement: 土石方工程。包括一切土石方的开挖、填筑、运输等。

2. c/foisonnement: 松方系数。全称为"Coefficient de foisonnement"，也称为膨胀系数。是指土石料松动的体积与土石料未松动时的自然体积的比值，是反应松散程度的系数。

3. sujétions: 相关费用。

4. Remblais: 回填。对地下设施工程（如地下结构物、沟渠、管线沟等）的两侧或四周及上部用土方进行回填。

5. tuf: 凝灰岩。是一种火山碎屑岩。

6. profils: 断面。与剖面图稍有不同。断面图只是一个截口的投影，是面的投影，而剖面图是被剖开形体的投影，是体的投影。

7. couches successives: 逐层回填。指每回填一层后，经过夯实达到一定密实度，逐渐进行下一层回填工序。

8. Remblais des fouilles: 基坑回填。在基坑中完成基础施工后，用土方进行回填的工序。

9. terrassements en grande masse: 大开挖。是指将建筑物基础持力层以上的土方全部挖走，基槽内形成一个贯通的整体空间。

10. rigoles（fouilles en rigoles）: 沟槽开挖。即为条形基础进行的挖方。

11. terres végétales: 腐殖土。腐殖土是森林中表土层树木的枯枝残叶经过长时期腐烂发酵后而形成。

2. INFRASTRUCTURE AU MÉTRÉ[1]

2.01 Béton de propreté[2] dosé à 150 Kg de ciment CPA[3] 325 pour 450 kg de gravier 15/25[4] et 400 kg de 8/15 et 450 kg de sable 0/5, son épaisseur moyenne est de 0,10 m y compris préparation, mise en place dans l'embarras des détails s'il y a lieu et toutes sujétions de fourniture et main-d'œuvre.

Mètre cube :

2.02 Béton armé en fondation pour radier général[5] + Nervure[6] devra être armé, dosé à 350 Kg ciment CPA 325 pour 850 litres de gravier 8/15 et 15/25, 250 de sable 0/5 pour semelles, constituant les fondations du bâtiment mise en œuvre à toutes les profondeurs quelles que soient les formes, les sections[7], ainsi que fourniture, main-d'œuvre et toutes autres sujétions.

Mètre cube :

2.03 Béton armé en fondation pour longrines[8] idem[9] que l'article 2.02.

Mètre cube :

2.04 Dallage sur hérissonnage[10] en béton armé dosé à 350 kg de ciment CPA, 400L de sable et 800L de gravier, son épaisseur moyenne de 0,10 m y compris treillis[11] soudé, coulage, vibrage et toute sujétion de mise en œuvre.

Mètre carré :

2.05 Gros béton[12] pour plot[13].

Mètre cube :

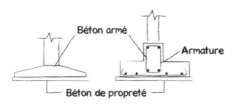

2. Béton de propreté

4. gravier 15/25

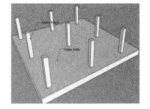

5. radier général

10. Dallage sur hérissonnage

11. treillis

2. 按方量计算的下部结构

2.01 素混凝土，配比：标号 325 的纯硅酸盐水泥 150 千克配 450 千克 15/25 级碎石、400 千克 8/15 级碎石以及 450 千克 0/5 级沙；平均厚度为 0.10m，此价项包括混凝土配制、各种工况下的施工、原材料供应的相关费用和人工。

立方米：

2.02 基础板 + 肋梁式梁板筏基，均需加钢筋，配比：350 千克标号 325 的纯硅酸盐水泥配 850 升 8/15 与 15/25 级碎石、250 千克 0/5 级沙，做成底板，构成建筑物基础，可在任何深度铺设，形状、截面不限，还包括材料供应、人工和其它所有相关费用。

立方米：

2.03 钢筋混凝土，地梁基础用，同 2.02 条价项。

立方米：

2.04 基础底板，位于毛石基础上，钢筋混凝土，配比：350 千克标号 325 的纯硅酸盐水泥、400 升沙和 800 升的砾石，平均厚度 0.1 米，此价项还包括焊制钢筋网、浇筑、捣振密实以及其它所有相关费用。

平方米：

2.05 粗集料混凝土，基础柱脚用。

立方米：

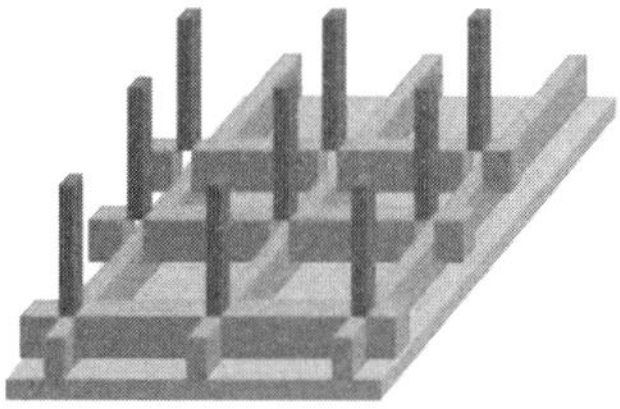

6. Nervure

7. Section

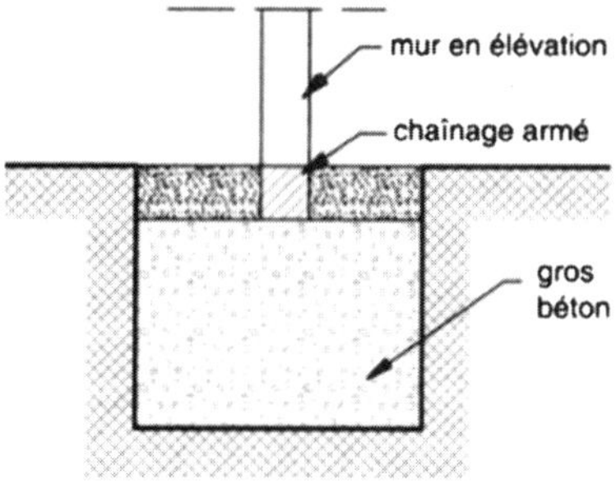

12. Gros béton

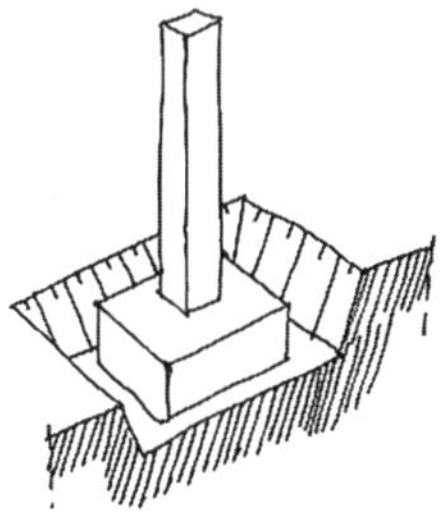

13. plot

1. AU MÉTRÉ：按方量计算的。有些工程，在招标细则中并未列出工程量，在报价时，需根据图纸计算出工程量，并按此工程量报价。比如，基础工程所使用的在各个部分部位素混凝土、需开挖的所有沟槽等。

2. Béton de propreté：素混凝土。指不含钢筋的混凝土，常用于混凝土垫层，位于基础与地基之间，以便于基础的施工。

3. ciment CPA：纯硅酸盐水泥。全称为"le ciment Portlant pur"。

4. gravier 15/25：15/25 级配碎石。指 15/25 mm 等不同粒级集料组成的混合料。

5. radier général：基础筏板。在基础工程中的一块混凝土板，板下是地基，板上面有柱，墙等。因其如筏浮于土上面，而被形象地称为"筏板"。

6. Nervure：肋梁。是指将基础筏板上柱之间联系起来的联系梁。

7. Section：截面。指其截面形状或大小。

8. longrines：地梁。俗称为地圈梁，圈起来有闭合的特征，与构造柱共成抗震限裂体系，减缓地面不均匀沉降的负作用。

9. idem：同样地。发音为 [i:dɛm]。

10. Dallage sur hérissonnage：毛石基础上铺面。此处实际铺于毛石基础上，往往称为"基础底板"。

11. treillis：钢筋网。指用钢筋交织而成的一张网。常用于混凝土铺面中。

12. Gros béton：粗集料混凝土。粗集料是指粒径大于 4.75 毫米以上的碎石砾石和破碎砾石，将其与混凝土拌和后成为粗集料混凝土。常用于基础修建。

13. plot：基础脚。

2.06 Exécution d'un caniveau en béton Dim[1] 0,40 x 0,60 épaisseur 0,10 y/c[2] dallette[3] en béton armé.

Mètre linéaire[4] :

2.07 Exécution d'un regard[5] en béton armé Dim : 0,60 x 0,60 x hauteur moyenne 1,20 y compris tampon[6] en béton armé, coffrage[7], ferraillage[8], main-d'œuvre ainsi que toutes autres sujétions.

Unité :

2.08 Fourniture et pose conduite Ø 300 en PEHD[9] y compris fouilles, lit de sable[10], remblais, déblais, grillage avertisseur[11], joint au mortier de ciment[12].

Mètre linéaire :

3. SUPERSTRUCTURE[13] AU MÉTRÉ

3.01 Béton armé en élévation[14] dosé à 350 Kg de ciment CPA pour une composition d'agrégats[15] selon l'analyse à déterminer en fonction de la plasticité réglementaire y compris coffrage bois et/ou métallique, ferraillage et toutes sujétions de mise en œuvre.

5. regard

6. tampon

7. coffrage

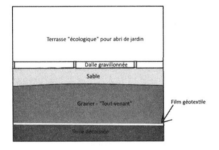
10. lit de sable

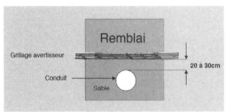
11. grillage avertisseur

12. joint au mortier de ciment

15. agrégats

2.06 排水沟施工，混凝土材质，尺寸 0.4×0.6，厚度 0.10，此价项还包含钢筋混凝土板。

延米：

2.07 检查井施工，钢筋混凝土材质，尺寸为 0.6×0.6×1.2（平均高度），此价项包含钢筋混凝土盖板、模板、钢筋铺扎、人工以及其它所有相关费用。

个：

2.08 供应并安装水管，Ø300，HDPE（高密度聚乙烯塑料）材质，此价项包含挖沟、砂垫层、填方、挖方、（作为警告标志的）塑料格栅、水泥砂浆勾缝。

延米：

3. 按方量计算的上部结构

3.01 立面钢筋混凝土，配比：350 公斤标号 325 的纯硅酸盐水泥与骨料，按照塑性要求，通过化验，确定骨料数量，此价项包含木质和（或）金属模板、钢筋铺扎以及所有施工费用。

8. ferraillage

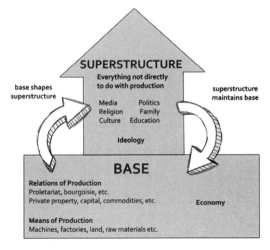

13. SUPERSTRUCTURE

1. Dim：该词为 dimension 的简写。此处译为"尺寸"。

2. y/c：该词为"y compris"的缩写。译为"包括"。

3. dallette：地砖、小石板。与 dalle 的区别主要在于尺寸有别。dallette 比 dalle 尺寸更小。

4. Mètre linéaire：延米。用于统计或描述不规则的条状或线状工程的工程计量，如工程中的墙体、橱柜、导线等的总量。

5. regard：检查井。便于安装，检查地下设施。

6. tampon：（检查井）盖。

7. coffrage：模板。

8. ferraillage：钢筋铺扎。

9. PEHD：高密度聚乙烯塑料。译文中保留原缩写，是因为该缩写在中文里也较为常用，因此译文中直接保留。括号中表明具体中文名称，是为方便非相关专业读者阅读。

10. lit de sable：砂垫层。砂垫层是采用级配良好、质地坚硬的中粗砂和碎石、卵石等，经分层夯实，作为基础的持力层。

11. grillage avertisseur：塑料格栅。通常为黄色或红色等醒目色，土方回填时铺设，用于提醒之后进行开挖的人员，保护下方管线。

12. joint au mortier de ciment：水泥砂浆勾缝。用水泥砂浆将两块砌体之间的缝隙塞满。

13. SUPERSTRUCTURE：上部结构。一般指建筑物高于地面的部分。

14. élévation：立面。一般指建筑物的外墙——尤其是正面，但亦可指侧面或背面。

15. agrégats：骨料。也叫"集料"。常指在混凝土中起支撑作用的石子。

(1) Poteaux[1]

(2) Poutres[2]

(3) Dalle Pleine[3]

(4) Chaînages[4]

(5) Escaliers + Voiles

Mètre cube :

3.02 Béton légèrement armé pour linteaux[5], acrotères[6], appuis de fenêtre[7], raidisseurs[8], sans aucune plus-value pour partie arrondie et arc dosé à 400 kg de ciment CPA, y compris coffrage, ferraillage et toutes sujétions de mise en œuvre, fourniture et main-d'œuvre.

Mètre cube :

3.03 Plancher semi préfabriqué[9] 20 + 5[10] en doubles hauteur[11] (h = 6,36 m) composé de poutrelles[12] préfabriquées et hourdis creux en béton de ciment, de béton de liaison entre poutrelles et hourdis comprenant dalle de compression[13] d'épaisseur 0,04 mise en œuvre à hauteur[14], y compris filerie et gaine[15] ainsi que le coffrage et étalement, échafaudage et ferraillage sans aucune plus-value pour trous à réserver[16], y compris toutes sujétions de fourniture et main-d'œuvre.

Mètre carré :

1. Poteaux   2. Poutres   4. Chaînages

5. linteaux   6. acrotères   7. appuis de fenêtre

8. raidisseurs   11. en doubles hauteur   12. poutrelles

（1）柱

（2）梁

（3）实心（楼）板

（4）圈梁

（5）楼梯＋墙板

立方米：

3.02 低配筋率钢筋混凝土，用于过梁、女儿墙、窗台、构造柱，圆形、弧形部位不计超量，配比：400kg 标号 325 的纯硅酸盐水泥，此价项包含模板、钢筋铺扎、所有施工费用、原材料供应和人工。

立方米：

3.03 半预制楼板，规格为 20+5，位于两层楼高度（h=6.36 米），含：预制小梁、混凝土空心砖、用于粘结前两者的混凝土、厚度 0.04 米的叠合层的混凝土（高空铺设），此价项包含布线、穿线管以及模板、敷设、脚手架、钢筋铺扎，预留孔洞部位不计超量，还包含原材料供应的相关费用和人工。

平方米：

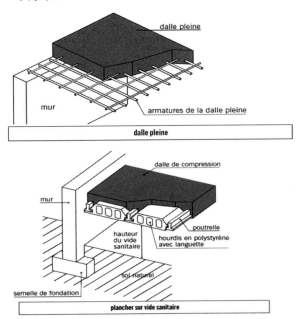

3. Dalle Pleine

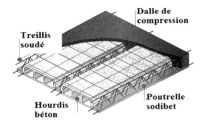

13. dalle de compression

1. Poteaux：柱。

2. Poutres：梁。也称为"主梁"。为跨提供主要支撑。

3. Dalle Pleine：实心板。与半预制楼板不同，实心板指实心的混凝土板，不包含预制梁之间安装小型空心砖（hourdis/entrevous）的工艺。

4. Chaînages：圈梁。分为地圈梁和上圈梁，指在房屋边上绕一圈的钢筋混凝土。

5. linteaux：过梁。门窗洞口上设置的横梁。

6. acrotères：女儿墙。指建筑物屋顶四周围的矮墙。

7. appuis de fenêtre：窗台。

8. raidisseurs：构造柱。是指为了增强建筑物的整体性和稳定性，与各层圈梁相连接，形成能够抗弯抗剪的空间框架，通常建于墙中。

9. Plancher semi préfabriqué：半预制楼板。是指一种先用预制小梁按一定间隔搭建，然后在预制梁之间安装一种小型空心砖（hourdis/entrevous）的工艺。

10. 20＋5：此处数字为材料的尺寸，单位是厘米。

11. en doubles hauteur：两层层高。普通房屋层高 3 米左右，两层层高即为 6 米左右。由于高度增加，施工难度和用材都会增加，所以比正常层高的房屋施工造价要高。

12. poutrelles：小梁。也称为"次梁"。跨度比主梁（poutre）小，两端可锚定于支撑墙顶或置于主梁之上。

13. dalle de compression：叠合板。是浇筑在预制板上一层钢筋混凝土楼板，用于分散受力，其内可铺设管线。

14. mise en œuvre à hauteur：高空铺设。

15. gaine：穿线管。用于保护电线。国内常使用 PVC 硬管或波纹管。

16. trous à réserver：预留孔。是指建筑施工时，建筑主体为供水、暖气等设施管道的埋设预留的孔洞。

4. MAÇONNERIE

4.01 Maçonnerie en brique cloison[1] composée d'un mur en brique vers l'extérieur et une cloison vers l'intérieur, les deux cloisons sont séparées par un vide d'air[2] de 0,05 m et seront liées entre elles tous les mètres carrés par des briques de 3 trous, posées en boutisses[3] ou par crochets galvanisés[4] y compris toutes sujétions de fourniture et main-d'œuvre.

(1) épaisseur 0,40 (double parois)

(2) épaisseur 0,30 (double parois)

Mètre carré :

4.02 Joint de dilatation[5] en polystyrène de 0,04 d'épaisseur, les plaques seront parfaitement jointives, posées sur couche d'imprégnation à froid[6] immédiatement avant l'exécution du béton de pente[7] sans aucune plus-value pour coupes raccords, finition autour des réservations et toutes autres sujétions de mise en œuvre.

Mètre carré :

5. ENDUITS[8]

5.01 Enduit extérieur au ciment, couches espacées au minimum de trois (03) jours.

• Une couche de plâtre
• Une couche de dressage
• Une couche de finition

A exécuter avec un matériau spécifique à l'enduit dont l'épaisseur ne doit pas dépasser 0,025 m. Ce prix comprend toutes sujétions de fourniture, main-d'œuvre, échafaudage.

Mètre carré :

6. REVETEMENTS

6.01 F/P[9] Revêtement en carreaux compacto[10] ler choix, dimension et couleur au choix de l'architecte, modèle importation y compris main-d'œuvre ainsi que toutes autres sujétions de bonne exécution.

Mètre carré :

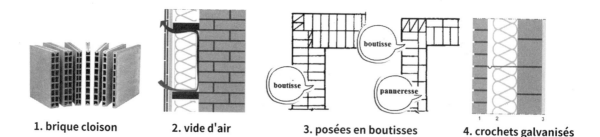

1. brique cloison   2. vide d'air   3. posées en boutisses   4. crochets galvanisés

4. 砌体工程

4.01 砖砌隔墙，包括：一堵在外的砖墙和一堵在内的隔墙，砖墙和隔墙之间留出 0.05 米宽的通风缝隙，两墙间每平方米均通过三孔砖丁砌连接，也可使用镀锌挂钩连接，此价项包含原材料供应的所有相关费用和人工。

（1）厚 0.4 米（双层墙）

（1）厚 0.3 米（双层墙）

平方米：

4.02 聚苯乙烯伸缩缝，厚度 0.04 米，先刷冷底子油，后安装聚苯乙烯板，聚苯乙烯应完全铺设平整，随后立即施工混凝土找坡层，接头切割不计超量，含预留件周围修整和其它所有施工费用。

平方米：

5. 抹灰工程

5.01 外墙水泥抹面，每抹一层至少需间隔叁（03）日。

- 一层石膏
- 一层腻子
- 一层粉刷涂料

用专门的墙面粉刷材料施工，粉刷厚度不得超过 0.025 米，此价项包含原材料供应的所有相关费用、人工、脚手架。

平方米：

6. 饰面工程

6.01 瓷砖饰面，材料供应和铺贴，头等仿花岗岩瓷砖，尺寸和颜色由建筑师确定，采用进口品牌，此价项包含人工费及施工的其它所有相关费用。

平方米：

5. Joint de dilatation　　**6. couche d'imprégnation à froid**　　**7. béton de pente**

1. brique cloison: 隔墙砖。用特殊泥土烧制的空心砖，常用于隔热层、隔墙的修砌。

2. vide d'air: 通风缝。此处为两面墙之间留出的缝隙，用于通风，也可起到更好的隔音作用。外墙与外保温层之间有时也留有通风缝，以起到更好的保温作用。

3. posées en boutisses: 丁砌。砌块长边垂直于墙面的砌法。如果长边与墙面平行，则称为 "顺砌（posées en panneresse）"。此处是指利用丁砌将砌块突出墙面，穿过透风缝，伸入另一面墙中，起到稳定作用。

4. crochets galvanisés: 镀锌挂钩。同样应用于透风缝，用于稳定两面墙。

5. Joint de dilatation: 伸缩缝。为满足建筑物因气温变化而产生的变形而设置的一条构造缝。该处伸缩缝使用了聚苯乙烯板。

6. couche d'imprégnation à froid: 冷底子油。是用热沥青加入汽油或松香水等溶剂，将沥青稀释而成。涂刷在水泥砂浆或混凝土基层面作打底用。

7. béton de pente: 混凝土找坡层。指用铺设混凝土时按照所设计的排水方向垒出一定的缓坡来。

8. ENDUITS: 抹灰。是指用灰浆涂抹在房屋建筑的墙、地、顶棚、表面上的一种传统做法的装饰工程。

9. F/P: fourniture et pose 的缩写。即供应与安装。

10. compacto: 仿花岗岩板。人造石的一种。常用于装饰。

6.02 F/P Revêtement en dalle de sol 1er choix anti dérapant au choix de l'architecte posé à bain de mortier[1] sur forme de sable de 0,03 avec joint coulé au ciment blanc compris toutes sujétions de fourniture, pose, main-d'œuvre ainsi que toutes autres sujétions de bonne exécution.

Mètre carré :

6.03 F/P Revêtement en granito[2] monocouche[3] 30×30 cm 1er choix y compris main-d'œuvre ainsi que toutes autres sujétions de bonne exécution (choix au choix de l'architecte).

Mètre carré :

7. ETANCHEITE

7.01 Forme de pente en béton maigre[4] épaisseur 4 à 10 cm dosé à 150 kg de ciment pour 120Kg d'agrégats, mise en place soignée entre repères y compris chapes[5] lisses, joints de dilatation selon les plans pente régulière de 20 %.

Mètre carré :

7.02 Etanchéité multicouche : fourniture et pose d'étanchéité multicouche se composent par ordre de mise en œuvre :

Imprégnation à froid (Flintkot[6])

- 1 couche d'enduit à chaud bitumé
- 1 couche feutre bitumé
- 1 couche E.A.C.[7] 1,5 Kg/m^2
- 1 couche E.A.C. 1,5 Kg/m^2

Mètre carré :

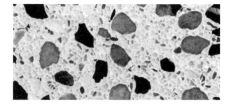

1. posé à bain de mortier   2. Revêtement en granito

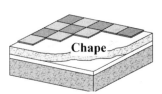

4. béton maigre   5. chapes   6.Flintkot

6.02 地板饰面，材料供应和铺设，建筑师选定的头等防滑地砖，贴装采用挤浆法铺设，下铺 0.03 的沙垫层，用白水泥勾缝，此价项包含材料供应、铺设、人工的所有相关费用。

平方米：

6.03 水磨石砖装饰地面，材料供应和铺设，单层，30×30 厘米头等地砖，此价项包含人工以及所有相关费用（依照建筑师意见进行选择）。

平方米：

7. 防水工程

7.01 贫混凝土找坡，厚度 4 到 10 厘米，配比：150 千克水泥和 120 千克骨料，精心施工于标高之间，此价项包含光滑找平层、伸缩缝，根据图纸要求，坡度保持为 20%。

平方米：

7.02 多层防水：提供并施工多层防水，防水施工依次如下：

冷底子油（Flintkot）
- 一层热熔沥青
- 一层沥青油毡
- 一层热涂防水材料，1.5 千克 / 平方米
- 一层热涂防水材料，1.5 千克 / 平方米

平方米：

3. monocouche

7. couche E.A.C.

1. posé à bain de mortier: 挤浆法铺设。即铺大于需要量的砂浆，铺砖时通过敲击使砖达到规定的高度，挤出多余砂浆，可使砂浆层更饱满，避免空洞。

2. Revêtement en granito: 水磨石。将碎石、玻璃、花岗岩等骨料混入水泥，凝固后经表面研磨、抛光而成。

3. monocouche: 单层水磨石砖。水磨石（也称磨石）是将碎石、玻璃、石英石等骨料拌入水泥粘接料制成混凝制品后经表面研磨、抛光的制品。

4. béton maigre: 贫混凝土。指用较少量水泥的混凝土。

5. chapes: 找平层。找平层是在垫层、楼板上或填充层上整平、找坡或加强作用的构造层，使表面平整。其上方再进行装饰面施工（地砖、水磨石等）。

6.Flintkot: 一种水性单组份橡胶沥青防水涂膜防水涂料（冷底子油的一种）商品名，国内没有对应名称，故译文保留外语名。

7. couche E.A.C.: 缩写全称为"Enduit d'application à chaud"，译为"热熔"。热熔防水层在施工时需要进行加热。

7.03 Relevé[1] d'étanchéité en relief par un système multicouche adhérent :

1 couche d'imprégnation à froid

1 bitume armé[2] type 40 auto protégé par feuille d'aluminium gaufre de 8/100[3] d'acrotère ou de rejets d'eau[4], éviter fuite, infiltration d'eau, les relevés sont à exécuter en dernier lieu, y compris toutes sujétions de fourniture et de main-d'œuvre.

Mètre linéaire :

8. MENUISERIE BOIS

8.01 Fourniture, pose et scellement de porte en hêtre cadre épaisseur 0,14 avec imposte[5] y compris peinture au vernis (couleur au choix de l'architecte) quincaillerie + serrure 1er choix celle-ci devront être ajustées et prêtes au bon fonctionnement), les joints entre les cadres de la menuiserie et de maçonnerie devront être couverts de chambranle[6] ainsi que toutes autres sujétions de bonne exécution (voir détail sur plan).

Type P1 Dim 2,50 ×2,80

Unité :

9. MENUISERIE METALLIQUE + FONTE

9.01 Fourniture, pose et scellement de porte métallique Dim : 1,50 ×2,50 y compris tôle de 3mm, cornière, serrure, fixation, main-d'œuvre ainsi que toutes autres sujétions (suivant plan détail).

Unité :

9.02 Fourniture et pose d'un rideau Dim : 3,50×4,00 y compris main-d'œuvre.

Unité :

1. Relevé

2. bitume armé

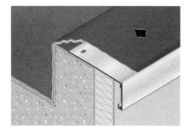

4. rejets d'eau

5. imposte

7.03 防水层翻边，凸起，采用黏性多层防水系统：

一层冷底子油

一层加筋油毡，40 号，方格凹凸铝箔面保护，厚度 8 丝，铺设到女儿墙墙帽处或泛水顶处，防止漏水、渗水，翻边处最后施工，此价项包含材料供应的所有相关费用以及人工。

延米：

8. 门窗工程（木作工程）

8.01 榉木门，材料供应、安装和固定，厚度 0.14，带气窗，此价项包含木门上漆（油漆颜色由建筑师确定）、头等五金配件 + 锁具（应调试好、运转正常），门框与墙框之间的缝隙应采用门套覆盖，以及其它所有施工费用（详见图纸）。

P1 款 尺寸　2.5×2.8

樘：

9. 金属、铸铁门窗工程

9.01 金属门的材料供应、安装和固定，尺寸：1.5×2.5，此价项包含 3 毫米薄钢板、角钢、锁具、固定、人工以及其它所有费用（详见图纸）。

樘：

9.02 提供，安装一副窗帘。尺寸：3.5×4，包含人工费。

副：

1. Relevé：防水翻边。为防止边缘漏水将防水材料边缘部分沿墙向上延伸的部分。

2. bitume armé：加筋油毡。油毡是动物或植物纤维制成的毡或厚纸坯浸透沥青后所成的建筑材料，不透水，有韧性，通常用作防水防潮。"加筋"是指用无碱玻璃纤维增加油毡的强度。下图中加筋油毡还使用了方格凹凸铝箔面保护。

3. 8/100：8 丝。1 毫米 (mm)=100 丝。
becquet d'acrotère：女儿墙墙帽。位于墙顶，两侧伸出墙面，可起到防水作用。

4. rejets d'eau：泛水。屋面之上的女儿墙、烟囱、立管等突出物的壁面与屋顶的交接处，将屋面防水层延伸到这些垂直面上，形成立铺的防水层，称为泛水。

5. imposte：气窗、副窗。指门上方或旁边的一扇窗户，可是活动式（气窗）也可是封闭式（副窗）。

6. chambranle：门套。指门里外两个门框，起固定、装饰等作用。

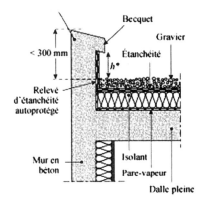

3. 8/100

10. MENUISERIE ALUMINIUM

10.01 Fourniture pose et scellement de fenêtre en aluminium coloré y compris pré cadre en aluminium, + verre stopsol ép. 5mm, main-d'œuvre, fixation, ainsi que toutes autres sujétions de bonne exécution.

Type F1 Dim : 1,00 x 3,00

Unité :

10.02 Fourniture et pose de mur rideau de type VEP[1] y compris vitrage couleur bronze colonne du double vitrage[2] F5+VIDE+5 mm TOTAL = 20 mm feuilleté[3] type (SECURIT) selon recommandations du maître d'œuvre y compris tous accessoires, projetant[4], portes, ouverture de fourniture et pose pour un résultat parfait.

Mètre carré :

11. ELECTRICITE INTERIEURE

11.01 Fourniture et pose d'un hublot[5] rond avec lampe 75 W.

Unité :

11.02 Fourniture et pose de boîte dérivation rond Ø 100 y compris main-d'œuvre ainsi que toutes autres sujétions.

Unité :

11.03 Fourniture et pose d'un interrupteur simple allumage y compris boîte d'encastrement[6], branchement main-d'œuvre, raccordement ainsi que toutes autres sujétions de bonne exécution.

Unité :

A/TABLEAU DE DISTRIBUTION

A/01 Fourniture et pose d'une armoire générale[7] équipée de :

- 01 Disjoncteur compact[8] 225 A,
- 05 Disjoncteurs compact 200 A,
- 02 Contacteurs triphasés D40,
- 01 Photo cellule,

y compris main-d'œuvre, raccordement, fixation ainsi que toutes autres sujétions.

Unité :

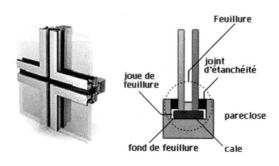

1. VEP

10. 铝门窗工程

10.01 彩色铝窗，材料供应、安装和固定，此价项包含预制铝制门框＋遮阳玻璃（厚 5 毫米），包含人工、固定以及其它所有施工费用。

F1 款 尺寸 1.00x3.00

樘：

10.02 框架支撑玻璃幕墙（VEP），材料供应与安装，此价项包含茶色玻璃、双层玻璃中间隔条，结构为 F5+ 中空 +5 毫米，总厚度 =20 毫米，夹层玻璃（型号：SECURIT），按照监理要求施工。此价项包含所有附件、滑撑、门、供料开口和施工。

平方米：

11. 室内电气工程

11.01 吸顶灯，材料供应和安装，圆形，带 75W 灯泡。

盏：

11.02 分线盒，材料供应和安装，圆形，Ø100，此价项包含人工以及其它相关费用。

个：

11.03 照明开关，材料供应和安装，此价项包含内嵌式接线盒、人工接线、接电以及其它所有施工费用。

个：

A/ 配电盘

A/01 一个总配电柜，材料供应和安装，内配：

- 225A 集成空气开关 1 个、
- 200A 集成空气开关 5 个、
- D4 三相接触器 2 个、
- 光电元件 1 个

此价项包含人工、接电、固定以及其它相关费用。

个：

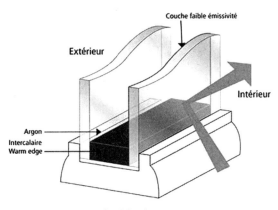

2. double vitrage

1. VEP：框架支撑玻璃幕墙。全称为 "vitrage extérieur parclosé"。

2. double vitrage：双层玻璃。双层玻璃之间通常固有一段距离，中空部分一般进行真空处理。

3. feuilleté：夹层玻璃。由两片或多片玻璃，之间夹了一层或多层有机聚合物中间膜，经过特殊的高温预压（或抽真空）及高温高压工艺处理后，使玻璃和中间膜永久粘合为一体的复合玻璃产品。

4. projetant：滑撑。是一种用于连接窗扇和窗框，使窗户能够开启和关闭的连杆式活动链接装置。

5. hublot：吸顶灯。上方较平的灯具，安装时底部可完全贴在屋顶上。

6. boîte d'encastrement：接线盒。接线盒是电工辅料之一，在电线管接头处作为过渡使用。

7. armoire générale：配电柜。电源从此柜分配到各个用电点。

8. disjoncteur compact：空气开关。断路器的一种，在线路过载时会自动断开。

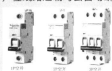

A/02 Fourniture et pose de Fil

Ø 1,5 mm^2

Mètre linéaire :

A/03 Fourniture et pose de piquet de terre en cuivre à une profondeur de 2 m y compris main-d'œuvre ainsi que toutes autres sujétions.

12. PLOMBERIE SANITAIRE

A/ APPAREILS SANITAIRES

A/01 Fourniture, pose et scellement d'un WC à la turque[1] encastré en porcelaine vitrifiée[2] 1er choix y compris siphon[3], d'évacuation en fonte avec tampon, réservoir de chasse d'eau entièrement équipé, tube de chasse en PVC avec queue de carpe[4], robinet Ø 10/12 (Modèle + Accessoires au choix de l'architecte).

Unité :

A/02 Fourniture, pose et scellement d'un lave-mains 1er choix y compris robinetterie, siphon, glace, porte serviette (Modèle + Accessoires au choix de l'architecte) ainsi que toutes autres sujétions de bonne exécution.

Unité :

B / ALIMENTATION EN EAU POTABLE

B/01 Fourniture et pose de tuyaux en acier galvanisé y compris coude, té, raccord, colliers[5], main-d'œuvre, ainsi que toutes autres sujétions.

Ø 50 / 60

Mètre linéaire :

C/ ALIMENTATION EU + EP

C/01 Fourniture et pose de tube en PVC galvanisé[6] y compris coude, té, raccord, déviation, colliers, main-d'œuvre, ainsi que toutes autres sujétions.

1. Wc à la turque

4. queue de carpe

5. colliers

A/02 电线，提供材料并安装

Ø1.5 平方毫米

延米：

A/03 铜接地柱，提供材料并安装，埋深 2 米，此价项包含人工以及其它相关费用。

12. 卫生管道工程

A/ 洁具

A/01 蹲便器。嵌入式，釉面陶瓷，头等质量。提供材料、安装和固定。此价项包含存水弯、带盖铸铁地漏、冲水箱全套、PVC 冲水管和扁形冲水头，Ø10/12 水阀（由建筑师确定样式及配件）。

个：

A/02 洗手池。头等质量。提供材料、安装和固定。此价项包含水龙头、存水弯、镜面、纸巾架（由建筑师来确定样式及配件）以及其它相关施工费用。

个：

B/ 饮用水供水管道

B/01 镀锌钢管。提供材料并安装，此价项包含弯头、三通、接头、分水器、管箍、人工以及其它相关费用。

Ø50，Ø60

延米：

C/ 下水（污水 + 雨水）管道工程

C/01 PVC 外套镀锌管。提供材料并安装，此价项包含弯头、三通、接头、分水器、管箍、人工以及其它所有相关费用。

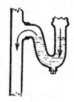

3. siphon

6. tube en PVC galvanisé

1. Wc à la turque：蹲便器。

2. porcelaine vitrifiée：釉面陶瓷。这是一种表面经过施釉高温高压烧制处理的陶瓷。釉是指覆盖在陶瓷制品表面的无色或有色的玻璃质薄层，是用矿物原料（长石、石英、滑石、高岭土等）和原料按一定比例配合经过研磨制成釉浆，施于坯体表面，经一定温度煅烧而成。

3. siphon：存水弯。排水管段上设置的一种内有水封的配件，可封住臭气外泄。

4. queue de carpe：扁冲水头。一种置于蹲便器旁的冲水器。

5. colliers：管箍。是管道铺设中常用的一种固定件。

6. tube en PVC galvanisé：PVC 外套镀锌管。镀锌管外套一层 PVC 管。

Ø 110

Mètre linéaire :

C/02 Fourniture et pose de gargouille[1] en plomb laminé 110 avec crapaudine[2] y compris toutes sujétion de bonne exécution.

Unité :

C/03 Fourniture et pose de chapeau de ventilation[3] y compris main-d'œuvre ainsi que toutes autres sujétions.

Unité :

D/ RESEAU INCENDIE

D/01 Fourniture et pose de robinet d'incendie Ø 50 / 60 y compris main-d'œuvre ainsi que toutes autres sujétions de bonne exécution.

Unité :

D/02 Fourniture et pose de poste RIA[4] 20 M/M composé d'armoire métallique vitrée munie d'un sceau d'une hache brise glace[5] et un jet d'eau des bacs de sables pour chaque armoire y compris toutes sujétions de mise en œuvre.

Unité :

13. PEINTURE VITRERIE

13.01 Peinture vinylique intérieure y compris enduisage en deux couches croisées, une couche d'impression, 02 couches de peinture après brossage et époussetage la peinture sera exécutée à intervalle de temps régulièrement espacé.

(1) Sous plafond

Mètre carré :

(2) Sur mur

Mètre carré :

14. REVETEMENT COUPOLE + ESCALIER EXTERIEUR

14.01 Lot : Coupole

Réalisation d'une coupole en béton armé sur patio principal de 14 M de diamètre sur une hauteur de 28,5 m. Cette coupole sera posée sur une série de poteaux d'une hauteur variée entre 2 m et 4 m avec une ceinture (poutres pentagonales de 0,60×0,50), la hauteur de la coupole de 6,5 m, la pose réalisation se fait par une structure en bois, le ferraillage sera en Ø T12 et T14[6].

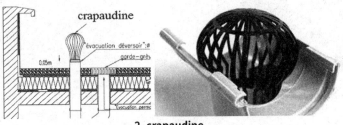

2. crapaudine

Ø110

延米：

C/02 落水口。铅板材质， 110，配过滤网。提供材料并安装。此价项包含所有施工相关费用。

个：

C/03 透气帽，提供材料并安装，此价项包含人工以及其它相关费用。

个：

D/ 消防管网工程

D/01 消防栓，提供材料并安装，Ø50/60，此价项包含人工以及所有施工相关费用。

个：

D/02 消防带卷盘，提供材料并安装，直径 20 毫米，含玻璃门金属箱，每个箱子配一个水桶、一把消防斧头、一个喷枪、数个沙袋，此价项包含所有施工相关费用。

个：

13. 粉刷与玻璃

13.01 室内乙烯粉刷，此价项含刷涂两遍，交叉涂刷方向，一层底涂，两层涂料，应在刷洗、除尘之后涂刷，每遍间隔时间应符合规定。

（1）天花板

平方米：

（2）墙

平方米：

14. 穹顶及室外台阶饰面工程

14.01 穹顶标段：

在中庭上方 28.5 米高度，修建一个直径 14 米钢筋混凝土穹顶。该穹顶下为一组高度从 2 至 4 米不等的柱子，和一条柱腰（0.60×0.50 五边形梁），穹顶高 6.5 米，安装施工采用木结构，钢筋使用 ØT12 和 T14 号。

4. poste RIA

6. T12 et T14

1. gargouille: 落水口。是屋面或者楼面有组织排水方式中收集、引导屋面雨水流入排水管的装置。

2. crapaudine: 过滤网。置于落水口处，防止杂物掉入管道。

3. chapeau de ventilation: 透气帽。 防止雨水落入开口向上的排气管。

4. poste RIA: 消防带卷盘。全称为 "Robinet d'incendie armé"。

5. hache brise glace: 消防斧。消防斧在火灾时可清理着火或易燃材料，切断火势蔓延的途径，还可以劈开被烧变形的门窗，解救被困的人。

6. T12 et T14: 钢筋型号。每种型号对钢筋长度、单位长度重量、截面长度重量都做出了规定。

Cette structure complexe sera alimentée avec de câble d'électricité pour l'éclairage pour la pose de grand lustre.

Mètre Cube :

14.02 Lot : Escalier Extérieur

Réalisation d'un escalier en béton armé pour l'entrée principale

(1) Béton légèrement armé dosé à 400 Kg de ciment CPA, y compris coffrage et ferraillage.

Mètre cube :

(2) Béton armé pour radier, longrines devra être armé, dosé à 350 Kg ciment CPA 325 pour 850 litres de gravier 8/15 et 15/25, 250 de sable 0/5 pour semelles, constituant les fondations du bâtiment mis en œuvre à toutes profondeurs quelles que soient les formes, les sections, y compris la fourniture, main-d'œuvre et toutes autres sujétions.

Mètre cube :

(3) Béton armé pour volet marche[1] et contre marche + dalle pleine

Mètre cube :

(4) Coffrage perdu[2] en bois

Mètre carré :

15. REVETEMENT DES JOINTS HORIZONTAUX ET VERTICAUX

15.01 Fourniture de joint dilatation de 200 à 250 mm sur façade extérieure, ils sont constitués d'un profil en élastomère qui vient s'insérer dans les cadres en aluminium latéraux. Pour la rigidité de l'ensemble est assurée par des clips de maintien[3] positionnés tous les 600 mm à l'arrière du joint élastomère. Ce dispositif peut éviter les déformations anarchiques du couvre joint lors de mouvements de fortes amplitudes, couleur noir. Les profils en aluminium brut sont fournis avec visseries et chevilles de fixation pour support béton. Les clips sont en acier inoxydable, élasticité multidirectionnelle. Bandes souples en élastomère résistantes aux huiles, bitumés et certains acides en option, membrane anti condensation. Ne dégage pas de fumées en cas d'incendie. (Profilés parasismiques)

Mètre linéaire :

16. AMÉNAGEMENT + VRD[4]

A/Aménagement Extérieur

A/01 Terrassement en grande masse exécuté mécaniquement, main-d'œuvre, transport à la décharge publique ainsi que toutes autres sujétions de bonne exécution.

Mètre cube :

该复合结构采用电缆供电，为大吊灯照明供电。

立方米：

14.02 室外台阶标段

大门处修建钢筋混凝土台阶。

(1) 轻质钢筋混凝土，配比：400 千克标号 325 的纯硅酸盐水泥，此价项包含模板和铺扎钢筋。

立方米：

(2) 筏板、地梁用钢筋混凝土，应加筋。配比：350 千克标号 325 的纯硅酸盐水泥、850 升的 8/15 与 15/25 级配碎石、250 千克的 0/5 的沙，用于底板，其构成建筑物的基础，适用于各种施工深度、形状、截面。此价项包括原材料供应、人工以及其它相关费用。

立方米：

(3) 台阶踏面和踢面 + 实心楼板钢筋混凝土

立方米：

(4) 一次性木质模板

立方米：

15. 水平与垂直伸缩缝装饰

15.01 提供面墙外用的 200-250 毫米伸缩缝。伸缩缝为一种高弹性型材，可以插入两旁铝制基座内。每 600 毫米的弹性缝后打设一个固定件，确保整体刚度。此装置可预防因振动幅度过大而引起的无序变形，其颜色为黑色。该铝型材须配固定用螺钉、销子，用于固定在混凝土支架上。固定件为不锈钢制作，弹性方向为多方向。可选耐油、耐沥青及其它酸性物质的高弹性胶条，带有抗凝性覆膜。发生火灾时不产生烟雾。（抗震型材）

延米：

16. 整治 + 管线工程

A/ 室外整治

A/01 机械化大开挖土方作业，此价项包含的人工、运输土方至公共弃土场以及其它所有施工相关费用。

立方米：

1. Volet marche：踏面。踏面和踢面（contre marche）共同构成了台阶的上部表面（如下图）。

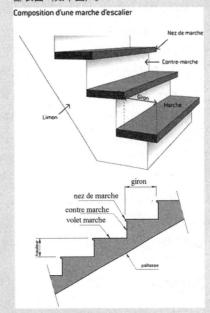

2. perdu：一次性的。

3. clips de maintien：固定件。此处为伸缩缝的固定件（如下图）。

4. VRD：即"voirie et réseaux divers"。译为"管线工程"。法语定义为："voie de circulation et sujétions, eaux, égouts, énergies, informations"。

A/02 Remblais des fouilles à exécuter conformément aux différents profils du projet par couches successives, emploie des déblais provenant des terrassements en grande masse, rigoles ou en puits après l'enlèvement des terres végétales y compris main- d'œuvre, réglage des sols, compactage aux engins ou à la main et toutes sujétions.

Mètre cube :

A/03 Revêtement voie et parking en enrobé à chaud y compris

- Couche de fondation en tuf épaisseur 0,20 m
- Couche de base 0/40 épaisseur 0,15 m
- Couche d'imprégnation

Ainsi que main-d'œuvre et toutes autres sujétions de bonne exécution.

Mètre carré :

B / ASSAINISSEMENT

B/01 Fourniture et pose de conduite en PEHD[1] y compris terrassement, fouilles, remblais, lit de sable et toutes autres sujétions.

Ø 200

Mètre linéaire :

A/02 基坑填方，根据图纸各不同的断面进行施工，逐层连续回填，利用大挖方、开挖沟槽和挖竖井所得土石，但须除掉腐殖土。包括人工、平整地面、机械或人工夯实以及所有施工相关费用。

立方米：

A/03 道路及停车场的热拌沥青铺设，此价项包含：

- 0.2 米厚凝灰岩基础层
- 0.15 米厚底层，0/40 级配碎石
- 冷底子油

人工以及其它所有施工相关费用。

平方米：

B/ 排水工程

B/01 提供材料并安装 PEHD 水管，此价项包含开挖、回填、沙垫层以及其它相关费用。

Ø 200

延米：

1. PEDH：高密度聚乙烯塑料。译文中保留原缩写，是因为该缩写在中文里也较为常用，因此译文中直接保留。注释中表明具体中文名称，是为方便非相关专业读者阅读。

Les pièces accompagnées

Offre technique :

Dans une première enveloppe cachetée portant en évidence le nom de l'entreprise où seront inclus :

1. Le cahier des charges (partie technique) dûment rempli par les soumissionnaires ;

2. Déclaration à souscrire dûment remplie et signée par le soumissionnaire ;

3. Certificat de qualification et de classification professionnelle activité principale bâtiment catégorie sept est plus ou équivalent par le soumissionnaire étranger ;

4. Les statuts de l'entreprise ainsi que la liste des principaux actionnaires ou associés ;

5. L'extrait de rôles apuré pour les nationaux et pour les entreprises étrangères ayant travaillé en Algérie ;

6. La carte d'immatriculation fiscale ;

7. Les bilans fiscaux des années 2007, 2008 et 2009 certifiés par un commissaire aux comptes et visés par les services des impôts pour les entreprises algériennes ou document équivalent pour les soumissionnaires étrangers visés par les services consulaires ;

8. L'extrait du registre de commerce immatriculé ou document équivalent pour les étrangers visés par les services consulaires algériens du pays d'origine ;

9. L'extrait du casier judiciaire de l'entrepreneur ou du gérant datant de moins de 03 mois pour les nationaux et pour les étrangers installés en Algérie ;

10. Les références professionnelles dans la réalisation des travaux similaires durant les 05 dernières années. Pour les étrangers les attestations de bonne exécution doivent être validées par les services consulaires algériens du pays d'origine ;

11. Une caution de soumission supérieure à 01% du montant de l'offre en toutes taxes comprises ou équivalente en devise ;

12. La liste des moyens humains avec C.V + diplôme ;

13. Le listing des moyens matériels avec cartes grises, factures d'achat, contrat de location notarié ou contrat de leasing pour le matériel à mettre à la disposition du chantier ;

14. Méthodologie et planning prévisionnel des travaux ;

15. Document justifiant le dépôt des comptes sociaux[1] conformément à l'article 29 de la loi de finance complémentaire de 2009 ;

第九章 投标文件

技术标:

如下文件应单独装入第一个文件袋, 其外封套明确注明企业名称, 且封口处盖封印:

1. 投标人按照规定填写的招标细则(技术标部分);
2. 投标人按照规定填写并签字的投标声明;
3. 专业资质等级证书, 其主要经营范围为建筑, 且等级是7级或者7级以上, 或外国投标人的同等资质证书;
4. 公司章程以及主要股东或合伙人的名单;
5. 如为本国公司或在阿尔及利亚曾开展业务的外国公司, 需出具完税证明;
6. 税务登记卡;
7. 如为阿尔及亚企业, 需出具2007、2008和2009年度的税务报表, 且报表需经稽核员认证, 并由税务部门签章。如为外国投标人, 则要提供同等材料, 且由领事机构签章;
8. 注册在案的营业执照, 外国公司则提供同等文件, 且由其所属国驻阿尔及利亚领事机构签章;
9. 如为本国或驻阿尔及利亚的外国企业, 需提供企业主或主管人员近叁(3)个月以上的无犯罪证明;
10. 近五年内同类工程的施工业绩证明。对于外国公司, 需提供经过阿尔及利亚驻其所属国领事机构认证的履约证明;
11. 投标保证金, 金额应大于报价(含税)总额百分之一, 或者是等值外汇;
12. 人员清单, 附简历和文凭;
13. 工地拟用设备清单, 附行驶证, 采购发票、经公证的租借合同或租赁合同;
14. 工程施工方案(工艺)以及工程计划安排;
15. 按照2009年度补充财政法案第29条规定, 已依法提交公司财务报表的证明文件;

1. dépôt légal des comptes sociaux: 依法提交公司财务报表。为保证透明公开, 商业公司应每年向工商管理部门提交公司财务报表。Une société commerciale doit obligatoirement déposer ses comptes sociaux au registre du commerce et des sociétés (RCS), afin d'en garantir la transparence.

16. Déclaration de probité ;

17. Le présent cahier dûment rempli sans mentionner le montant de l'offre.

Offre financière :

Dans une deuxième enveloppe cachetée portant en évidence le nom de l'entreprise devra contenir les documents de la partie financière :

1. La lettre de soumission dûment renseignée, cachetée et signée.

2. Le bordereau des prix unitaires.

3. Le devis quantitatif et estimatif.

4. Le devis descriptif.

N.B :

- Une fois déposée, aucune soumission ne peut être retirée, complétée ou modifiée.
- Les offres ne seront pas transmises par poste, elles seront remises par plis portés.
- Toutes les pièces contenues dans le dossier doivent être légalisées et en cours de validité.
- Pour les entreprises étrangères, les documents doivent être visés par les services consulaires d'Algérie.

16. 廉洁声明；

17. 按规定填写的本招标细则，且不得提及报价金额。

经济标：

如下经济标的文件应单独装入第二个文件袋，其外封套明确注明企业名称，且封口处盖封印：

1. 投标函，需按规定填写，签字并盖封章；

2. 单价清单；

3. 工程量概算；

4. 施工说明书。

注意：

- 投标书一旦提交，不得撤回、补充或修改。
- 报价书不得通过邮局寄送，须装入文件袋递交。
- 资料中所有文件都应合法，且在有效期内。
- 如为外国企业，文件应由阿尔及利亚领事机构签章。

Chapitre 10

Exemples des pièces accompagnées

Exemple 1 Le cahier des charges (partie technique) dûment rempli par les soumissionnaires.

1ère PARTIE : DOSSIER DE CANDIDATURE

<u>OBJET</u> : Acquisition d'équipements informatiques au profit de l'Université de Sidi Bel Abbes

1. Identification du service contractant :

Désignation du service contractant : UNIVERSITE DJILLALI – LIABES SIDI BEL ABBES.

2. Objet du cahier des charges :

Acquisition d'équipements informatiques au profit de l'Université de Sidi Bel Abbés.

3. Objet de la candidature :

La présente déclaration de candidature est présentée dans le cadre d'un contrat alloti: Non ☐   Oui ☐

Dans l'affirmative: Préciser les numéros des lots ainsi que leurs intitulés : Cinq (05) :

- Lot N° 01 : Micro-ordinateurs
- Lot N° 02 : Serveurs

第十章 投标文件示例

示例一：由投标人按要求填写的招标细则（技术标部分）

第一部分：竞标资格审查文件

标的：西迪贝勒阿巴斯大学信息设备采购

1. 签约部门信息：

签约部门名称：西迪贝勒阿巴斯大学。

2. 本招标细则标的：

西迪贝勒阿巴斯大学信息设备购置。

3. 竞标标的：

本竞标声明是用于分标段合同：否□ 是□

如为"是"，则须：

注明标段编号及名称：伍（05）

- 标段 01：微型电脑
- 标段 02：服务器

- Lot N° 03 : Serveurs Télé-enseignement et DHCP
- Lot N° 04 : Onduleurs
- Lot N° 05 : Antivirus

4. Présentation du candidat ou soumissionnaire :

Nom, Prénom, nationalité, date et lieu de naissance du signataire, ayant qualité pour engager la société à l'occasion du marché public: _____, agissant:

en son nom et pour son compte. ☐

au nom et pour le compte de la société qu'il représente. ☐

4.1 Candidat ou soumissionnaire seul :

Dénomination de la société : _____Adresse, n° de téléphone, n° de Fax, adresse électronique, numéro d'identification statistique (NIS)[1] pour les entreprises de droit algérien[2], et le numéro D-U-N-S[3] pour les entreprises étrangères :

_____

Forme juridique de la société : _____

Montant du capital social : _____

4.2 Le candidat ou soumissionnaire, membre d'un groupement momentané d'entreprises :

Le groupement est : Conjoint ☐   Solidaire ☐

Nombre des membres du groupement (en chiffres et en lettres) : _____

Nom du groupement : _____

Présentation de chaque membre du groupement :_____

Dénomination de la société : _____

Adresse, n° de téléphone, n° de Fax, adresse électronique, numéro d'identification statistique (NIS) pour les entreprises de droit algérien, et le numéro D-U-N-S pour les entreprises étrangères : _____

Forme juridique de la société : _____

Montant du capital social : _____

La société est-elle mandataire du groupement ? : Non ☐   Oui ☐

Le membre du groupement (Tous les membres du groupement doivent opter pour le même choix) :

- signe individuellement la déclaration à souscrire, la lettre de soumission, l'offre du groupement ainsi que toutes modifications du marché public qui pourraient intervenir ultérieurement ☐

  ou

- donne mandat à un membre du groupement, conformément à la convention de groupement, pour signer, en son nom et pour son compte, la déclaration à souscrire, la lettre de soumission, l'offre du groupement ainsi que toutes modifications du marché public qui pourraient intervenir ultérieurement ☐ ;

Dans le cas d'un groupement conjoint préciser les prestations exécutées par chaque membre du groupement, en indiquant le numéro du lot ou des lots concerné(s), le cas échéant : _____.

- 标段 03：广播电视教学服务器和动态主机设置协议
- 标段 04：逆变器
- 标段 05：杀毒软件

4. 竞标人或投标人情况：

签署人姓名、国籍、出生日期和地点 _____

_____，具备代表公司签署政府采购合同的资质：

以个人名义签署 □

代表其公司签署 □

4.1 单一竞标人或投标人：

公司名称：_____

地址、电话号码、传真号码、电子邮箱、阿尔及利亚公司的统计代码号或外国公司的邓白氏编码：____

_____

公司性质：_____

注册资本：_____

4.2 竞标人或投标人为临时性承揽联合体成员：

联合体为如下形式：各成员分别提供服务 □ 各成员共同提供服务 □

联合体成员数量：（用数字并大写表示）_____

联合体名称：_____

联合体各成员情况：_____

公司名称：_____

地址、电话号码、传真号码、电子邮箱、阿尔及利亚公司的统计代码号，外国公司则的邓白氏编码：____

公司性质：_____

注册资本：_____

公司是否为联合体代理人？ 否 □ 是 □

联合体成员（所有成员须作出一致的选择）：

- 各自签署投标声明、投标函、联合体报价以及政府采购合同可能出现的所有变更条款 □，

  或

- 按照联营体协议，授权联合体中某位成员，以个人名义签署投标声明、投标函、联合体报价以及政府采购合同可能出现的所有变更条款 □；

如联合体各成员分别提供服务，则须明确联合体各成员提供的服务内容，且在必要时注明相关标段编号：_____。

1.numéro d'identification statistique (NIS)：统计局登记号。

2. entreprises de droit algérien：阿尔及利亚公司。依法在阿尔及利亚工商管理部门注册的公司，不仅含当地人开设的公司，也含外国人开设的公司和外国人与当地人合伙开设的公司。

3. le numéro D-U-N-S：邓白氏编码。全称 the Data Universal Numbering System。是一种全球通用的企业身份标识，由美国邓白氏集团提供，该标识得到了全球许多国家的认可。

5. Déclaration du candidat ou soumissionnaire :

Le candidat ou soumissionnaire déclare qu'il n'est pas exclu ou interdit de participer aux marchés publics :

- pour avoir refusé de compléter son offre ou du fait qu'il s'est désisté de l'exécution d'un marché public ;
- du fait qu'il soit en état de faillite, de liquidation, de cessation d'activité ou du fait qu'il fait l'objet d'une procédure relative à l'une de ces situations ;
- pour avoir fait l'objet d'un jugement ayant autorité de la chose jugée[1] constatant un délit affectant sa probité professionnelle ;
- pour avoir fait une fausse déclaration ;
- du fait qu'il soit inscrit sur la liste des entreprises défaillantes ;
- du fait qu'il soit inscrit sur la liste des opérateurs économiques[2] interdits de participer aux marchés publics ;
- du fait qu'il soit inscrit au fichier national des fraudeurs, auteurs d'infractions graves aux législations et réglementations fiscales, douanières et commerciales ;
- pour avoir fait l'objet d'une condamnation définitive par la justice pour infraction grave à la législation du travail ;
- du fait qu'il soit une société étrangère qui n'a pas honoré son engagement d'investir ;
- du fait qu'il ne soit pas en règle avec ses obligations fiscales, parafiscales et envers l'organisme en charge des congés payés et du chômage intempéries des secteurs du bâtiment, des travaux publics et de l'hydraulique, le cas échéant, pour les entreprises de droit algérien et les entreprises étrangères ayant déjà exercé en Algérie ;
- pour n'avoir pas effectué le dépôt légal des comptes sociaux[3], pour les sociétés de droit algérien ;

  Oui ☐   Non ☐

  Dans la négative (à préciser) : _____

Le candidat ou soumissionnaire déclare qu'il n'est pas en règlement judiciaire[4] et que son casier judiciaire datant de moins de trois mois porte la mention « néant ». Dans le cas contraire, il doit joindre le jugement et le casier judiciaire. Dans le cas où l'entreprise fait l'objet d'un règlement judiciaire ou de concordat, le candidat ou soumissionnaire déclare qu'il est autorisé à poursuivre son activité.

Le candidat ou soumissionnaire déclare qu'il :

- est inscrit au registre de commerce ou,
- est inscrit au registre de l'artisanat et des métiers[5], pour les artisans d'art ou,
- détient la carte professionnelle d'artisan ou,
- est dans une autre situation (à préciser) : _____

  Dénomination exacte et adresse de l'organisme, numéro et date d'inscription :

  _____

5. 竞标人或投标人声明

竞标人或投标人须声明其未因下列原因在被拒绝或被禁止参与政府采购的期限内：

- 由于曾经拒绝完整履行其投标内容，或由于曾经放弃履行政府采购合同；
- 由于其处于破产、清算、业务停止状态，或处于上述状况相关程序之中；
- 由于曾经因损坏职业廉洁的不法行为，受到具既判力的判决；
- 由于曾经作出过虚假声明；
- 由于被列入劣质企业名单；
- 由于被列入禁止参与政府采购的经营单位名单；
- 由于因欺诈和严重违反税务、海关和商业相关法律法规而被记录在案；
- 由于因曾经严重违反劳动法规而被司法部门终审处罚；
- 由于作为外国公司，未兑现其投资承诺；
- 作为阿尔及利亚公司和在阿尔及利亚曾开展业务的外国公司，由于未履行纳税、附加税义务，由于未履行建筑、公共和水利工程领域应执行的带薪休假和恶劣天气停工补偿义务；
- 作为阿尔及利亚公司，由于未依法提交公司财务报表。
  是 □　否 □
  如为"否"（须说明）：_____

竞标人或投标人声明其没有处于司法清偿程序中，并且其犯罪记录在近三个月以上评注为"无"。否则，竞标人或投标人应附上判决书和犯罪记录。如公司处于司法清偿期或协商清偿期，竞标人或投标人须声明已被授权继续开展业务。

竞标人或投标人声明：

- 已经进行了工商登记，
- 或已进行了手工业匠人登记，
- 或持有手工业者职业证明，
- 或其他情况（须说明）：_____
  机构的准确名称和地址，登记时间和地点：_____
  _____

---

1. autorité de la chose jugée：既判力。民事判决的既判力是指确定判决对当事人和法院的实质上的拘束力。当事人不得在以后的诉讼中主张与该判决相反的内容，法院也不得在以后的诉讼中作出与该判决冲突的判断。

2. opérateurs économiques：经营单位。指进行工程建设、供应商品或提供服务的企业。

3. dépôt légal des comptes sociaux：依法提交公司财务报表。为保证透明公开，商业公司应每年向工商管理部门提交公司财务报表。Une société commerciale doit obligatoirement déposer ses comptes sociaux au registre du commerce et des sociétés (RCS), afin d'en garantir la transparence.

4. règlement judiciaire：司法清偿。指处于破产保护期并可继续经营的企业按司法判决执行债务清偿计划。法语注释为：Le « Règlement judiciaire » est une procédure collective du droit commercial qui a pris le nom de « Redressement judiciaire ».

5. registre de l'artisanat et des métiers：手工业匠人登记。指雇员在十人以内的作坊、小型生产制造企业的登记

Le candidat ou soumissionnaire déclare qu'il détient le numéro d'identification fiscale[1] suivant : _____ délivré par _____ le_____ pour les entreprises de droit algérien et les entreprises étrangères ayant déjà exercé en Algérie.

Le candidat ou soumissionnaire déclare qu'il n'existe pas de privilèges[2], nantissements[3], gages[4] et/ou d'hypothèques[5] inscrits à l'encontre de l'entreprise.

Oui ☐   Non ☐

Dans l'affirmative (préciser leur nature et joindre copie de leurs états, délivrés par une autorité compétente) :_____

Le candidat ou soumissionnaire déclare que la société n'a pas été condamnée en application de l'ordonnance n° 03-03 du 19 Joumada[6] 1424 ou en application de tout autre dispositif équivalent :

Oui ☐   Non ☐

Dans l'affirmative (préciser la cause de la condamnation, la sanction et la date de la décision, et joindre copie de cette décision) : _____

Le candidat ou soumissionnaire seul ou en groupement déclare présenter les capacités nécessaires à l'exécution du marché public et produit à cet effet, les documents demandés par le service contractant dans le cahier des charges (lister ci-après les documents joints) : _____

Le candidat ou soumissionnaire déclare que :

- la société est qualifiée et/ou agréée par une administration publique ou un organisme spécialisé à cet effet, lorsque cela est prévu par un texte réglementaire :
  Oui ☐   Non ☐
  Dans l'affirmative : (indiquer l'administration publique ou l'organisme spécialisé qui a délivré le document, son numéro, sa date de délivrance et sa date d'expiration) _____
- la société a réalisé pendant _____(indiquer la période exigée dans le cahier des charges) un chiffre d'affaires annuel moyen de (indiquer le montant du chiffre d'affaires en chiffres, en lettres et en hors taxes) :_____
  dont _____% sont en relation avec l'objet du marché public, du lot ou des lots.

Le candidat ou soumissionnaire présente un sous-traitant :
Oui ☐   Non ☐
Dans l'affirmative remplir la déclaration de sous-traitant.

竞标人或投标人声明（如为阿尔及利亚公司或已在阿尔及利亚开展业务的外国公司）：其持有如下纳税识别号：＿＿＿＿＿＿＿＿＿＿＿，该号码由＿＿＿＿＿＿＿＿＿＿＿（发证机构），于＿＿＿＿＿＿＿＿＿＿（日期）发放。

竞标人或投标人声明：其企业不存在债务优先受偿权的限制，也没有涉及无形动产质押、有形动产质押以及不动产抵押。

　　是 □　　　否 □

　　如为"是"（则说明其类别，并附上由管辖部门发放的，表明上述抵押状态文件的复印件）：＿＿＿＿＿＿＿＿＿＿

竞标人或投标人声明：公司没有受到 1424 年 5 月 19 日第 03-03 号法令或其它类似法规所规定的处罚。

　　是 □　　　否 □

　　如为"是"（则须注明裁定事由、处罚内容和裁定日期，并附上该裁定书的复印件）＿＿＿＿＿＿＿＿＿＿＿

个人或联合体的竞标人或投标人：在此呈现具备履行本政府采购合同和提供相关产品所需的能力，在此提供签约部门（发包方）在招标细则中要求的文件（列出随附文件）：＿＿＿＿＿＿＿＿＿＿＿＿＿＿＿＿＿＿＿。

竞标人或投标人声明：

- 公司具有法规规定的国家行政机关或专业机构授予的资质或认可。

　　是 □　　　否 □

　　如为"是"（注明授予资质的行政机关或专业机构的名称，并注明证书编号，授予和有效日期）：＿＿＿＿＿＿

- 公司已经在＿＿＿＿＿＿＿＿（注明招标细则中要求的时间段）实现了金额为＿＿＿＿＿＿＿＿（用数字并大写注明税前金额）的平均年度营业额，其中＿＿＿＿＿＿＿＿% 与政府采购标的标的、标段有关。

　　竞标人或投标人是否引入分包商：

　　是 □　　　否 □

　　如为"是"，则填写分包商声明。

1. le numéro d'identification fiscale: 纳税识别号。

2. privilèges: 债务优先受偿权。指某债权人比其他人债权人在获得债务偿还时具有优先权。法语注释为：priorité d'un créancier sur les autres en vertu de la qualité de sa créance。

3. Nantissements: 无形动产质押。指用无形动产作为质押物，如公司股份、商业资金。法语注释为：une garantie, une sûreté réelle mobilière portant sur un bien incorporel。质押须将质押物交给债权人管理。

4. gages: 有形动产质押或实物质押。如：汽车、机器等。法语注释为：une garantie donnée à un créancier sur un bien meuble corporel appartenant à son débiteur。

5. Hypothèques: 不动产抵押。如用楼房作为抵押物。法语注释为：un droit réel accessoire accordé à un créancier sur un immeuble en garantie du paiement d'une dette sans que le propriétaire du bien en soit dépossédé. 抵押物无须将抵押物交给债权人管理。

6. Joumada: 主马达·敖外鲁月。伊斯兰历第五个月，全称为"Joumada El Oula"。

6. Signature du candidat ou soumissionnaire seul ou de chaque membre du groupement :

J'affirme, sous peine de résiliation de plein droit du marché public ou de sa mise en régie aux torts exclusifs de la société, que ladite société ne tombe pas sous le coup des interdictions édictées par la législation et la réglementation en vigueur.

Certifie, sous peine de l'application des sanctions prévues par l'article 216 de l'ordonnance n° 66-156 du 8 juin 1966 portant code pénal que les renseignements fournis ci-dessus sont exacts.

Nom, prénom et qualité du signataire	Lieu et date de signature	Signature

N.B :

- Cocher les cases correspondant à votre choix.
- Les cases correspondantes doivent obligatoirement être remplies.
- En cas de groupement, présenter une déclaration par membre.
- En cas d'allotissement, présenter une déclaration pour tous les lots.
- Lorsque le candidat ou soumissionnaire est une personne physique, il doit adapter les rubriques spécifiques aux sociétés, à l'entreprise individuelle.

Fait à : _____

le _____

Le soumissionnaire_____

(nom, qualité du signataire et cachet du soumissionnaire)

6. 竞标人或投标人单独或联合体各成员签署:

本人确认,本公司将遵循现行法律法规的规定,否则,本公司将承担全责,并接受彻底解除政府采购合同或托管的处罚。

本人保证所提供的上述信息无误,否则,将接受有关刑法的 1966 年 6 月 8 日第 66-156 号法令第 216 条规定的处罚。

签字人姓名及职务	签署地点和日期	签字

注意:

- 根据您的选择在空格中勾选。
- 相关空格必须填写。
- 如为公司联合体,每个成员均须递交一份声明。
- 在分标段的情况下,每个标段均需提交一份声明。
- 如竞标人或投标人为自然人,应将针对公司的栏目改为针对个体工商户。

签署地:＿＿＿＿＿＿＿＿＿＿＿＿＿

签署日期:＿＿＿＿＿＿＿＿＿＿＿＿

投标人:＿＿＿＿＿＿＿＿＿＿＿＿＿

(签字人姓名、职务及投标单位盖章)

Exemple 2 La déclaration de probité

1. Identification du service contractant :

Désignation du service contractant UNIVERSITE DJILLALI – LIABES SIDI BEL ABBES

2. Objet du cahier des charges :

Acquisition d'équipements informatiques au profit de l'Université de Sidi Bel Abbés.

3. Présentation du candidat ou soumissionnaire :

Nom, prénom, nationalité, date et lieu de naissance du signataire, ayant qualité pour engager la société à l'occasion du marché public: _____ agissant : _____

en son nom et pour son compte. ☐

au nom et pour le compte de la société qu'il représente. ☐

Dénomination de la société : _____

Adresse, n° de téléphone, n° de Fax, adresse électronique, numéro d'identification statistique (NIS) pour les entreprises de droit algérien, et le numéro D-U-N-S pour les entreprises étrangères : _____

Forme juridique de la société : _____

4. Déclaration du candidat ou soumissionnaire :

Je déclare que ni moi, ni l'un de mes employés ou représentants, n'avons fait l'objet de poursuites judiciaires pour corruption ou tentative de corruption d'agents publics.

Oui ☐   Non ☐

Dans l'affirmative (préciser la nature de ces poursuites, la décision rendue et joindre une copie du jugement) : _____

M'engage à ne recourir à aucun acte ou manœuvre dans le but de faciliter ou de privilégier le traitement de mon offre au détriment de la concurrence loyale.

M'engage à ne pas m'adonner à des actes ou à des manœuvres tendant à promettre d'offrir ou d'accorder à un agent public, directement ou indirectement, soit pour lui-même ou pour une autre entité[1], une rémunération ou un avantage de quelque nature que ce soit, à 'occasion de la préparation, de la négociation, de la passation, de l'exécution ou de contrôle d'un marché public ou d'un avenant.

Déclare avoir pris connaissance que la découverte d'indices de partialité ou de corruption avant, pendant ou après la procédure de passation d'un marché public ou d'un avenant, sans préjudice des poursuites judiciaires, constituerait un motif[2] suffisant pour prendre toute mesure coercitive, notamment de résilier ou d'annuler le marché public ou l'avenant concerné et d'inscrire l'entreprise sur la liste des opérateurs économiques interdits de participer aux marchés publics.

示例二：廉洁声明

1. 签约部门信息：

签约部门名称：西迪贝勒阿巴斯—达吉拉里莱厄比斯大学。

2. 本招标细则标的：

西迪贝勒阿巴斯大学信息化设备购置。

3. 竞标人或投标人情况：

具备代表公司签署政府采购合同资质的签字人姓名、国籍、出生日期和地点：_____。

以个人名义签署 □

代表公司签署 □

公司名称：_____

地址、电话号码、传真号码、电子邮箱、阿尔及利亚公司须有统计代码号，外国公司则须有邓白氏编码：_____

公司性质：_____

4. 竞标人或投标人声明：

本人声明，本人、本人的任何员工或代理人，均未曾因贿赂或企图贿赂公职人员被司法追究。

是 □ 否 □

如为"否"，（则须说明该司法追究的性质、最终结论，并附上判决文件复印件）：_____

本人保证不采取任何行为或手段让自己的报价获得便利或取得优先权，从而损害公平竞争。

本人承诺，在政府采购合同或附加条款拟定、协商、签署、执行或监控期间，不向公职人员直接或间接地许诺提供或给与任何性质的报酬或利益，无论是向其本人或其他实体。

本人声明已经知晓，在政府采购合同或附加条款的签订之前、期间或之后，一旦发现有不公或贿赂形迹，除进行司法追究，还将采取强制处罚措施，尤其是解除或撤销政府采购合同或相关附加条款，并将公司记入禁止参与政府采购合同的经济机构名单。

1. entité：实体。在法律领域中，"实体"可以是法人，也可以是自然人。

2. motif：判决（处罚）理由。

Certifie, sous peine de l'application des sanctions prévues par l'article 216 de l'ordonnance n° 66-156 du 18 Safar[1] 1386 portant code pénal que les renseignements fournis ci-dessus sont exacts.

N.B :
- Cocher les cases correspondant à votre choix.
- Toutes les rubriques doivent obligatoirement être remplies.
- En cas de groupement, chaque membre doit présenter sa propre déclaration.
- En cas de sous-traitance, chaque sous-traitant doit présenter sa propre déclaration.
- En cas d'allotissement, présenter une seule déclaration pour tous les lots. Le(s) numéro(s) de lot(s) doit (vent) être mentionné(s) dans la rubrique n° 2 de la présente déclaration.
- Lorsque le candidat ou soumissionnaire est une personne physique, il doit adapter les rubriques spécifiques aux sociétés, à l'entreprise individuelle.

Fait à : _____

le _____

Signature du candidat ou soumissionnaire _____

(Nom, qualité du signataire et cachet du candidat ou soumissionnaire)

Observation : Le soumissionnaire doit obligatoirement joindre au présent dossier en plus de la déclaration de candidature et de la déclaration de probité les documents suivants :

1. les statuts pour les sociétés ;
2. les documents relatifs aux pouvoirs habilitant les personnes à engager l'entreprise;
3. tout document permettant d'évaluer les capacités des soumissionnaires.

3.1 Capacités professionnelles :

Certificat de qualification et de classification, agrément et certificat de qualité, le cas échéant.

3.2 Capacités financières :

Les bilans comptables et leurs annexes indiquant les différents résultats financiers des (3) trois dernières années précédant celle de la soumission, certifiés par un commissaire au compte et visés par les services des impôts.

3.3 Capacités techniques :

- Liste des moyens humains à mettre dans le cadre du projet avec justification des diplômes et des déclarations CNAS[2] actualisées.
- Liste des moyens matériels à mettre dans le cadre du projet avec pièces justificatives (factures et cartes grises, contrat de location notarié ou crédit-bail 'leasing').
- Attestations de bonne exécution dûment signées par le maître d'ouvrage.

　　本人保证，所提供的上述信息无误，否则将接受按照有关刑法的 1386 年 2 月 18 日（伊斯兰历）第 66-156 号法令第 216 条规定的惩罚。

注意：

- 根据您的选择在方框中打钩。
- 所有空格必须填写。
- 如为公司联合体，每位成员都需递交自己的声明。
- 如进行分包，每个分包商均需递交自己的声明。
- 如有多个标段，仅需提交一份声明。标段的编号应当在本声明的编号 2 空格内注明。
- 如竞标人或投标人为自然人，应将针对公司的栏目改为针对个体工商户。

签署地：＿＿＿＿＿＿＿

签署日期：＿＿＿＿＿＿

竞标人或投标人：＿＿＿＿＿＿＿

（竞标人或投标人姓名、职务及印章）

备注： 除资格声明和廉洁声明之外，投标人必须将如下文件附在本材料中。

1. 公司章程。

2. 公司代表人员的相关授权文件。

3. 任何可以用于评估投标人能力的文件。

3.1 专业能力：

　　资质和等级证明，如有必要则需资质认可和证明。

3.2 财务能力：

　　能够显示投标前最近叁（3）年每年财务状况的资产负债表及其附件，该文件须经一名稽核员认证，并由税务部门签章。

3.3 技术能力：

- 拟投入工程的人力清单，附文凭证明和国家雇工社会保险基金出具的有效声明。
- 拟投入工程的物力清单，附证明文件（发票和行驶证、经公证的租借合同或租赁合同）
- 由建设方正式签署的履约证明。

1. Safar：色法尔月。其为伊斯兰历第二个月。

2. CNAS：国家雇工社会保险基金。全称为 "Caisse Nationale des Assurances Sociales des Travailleurs Salariés"。

Exemple 3 Le certificat de qualification et de classification professionnelle activité principale bâtiment

(Voir l'original attaché ci-après)

Certificat de qualification et de classification professionnelle R/2015/56/284/TP/16 :

Wilaya[1] de Tizi-Ouzou/SG[2]/15

Ce certificat est délivré :

A : E.T.P.B.H[3] BERRAI AZEDINE

Siège social : Ighil Iloudhene Cne de Yakourene-Tizi-Ouzou

Le Gérant : BERRAI AZEDINE

Inscrite au registre de commerce sous le N° : 15/00 0235631 A 02

Numéro d'identification fiscal N° : 173152000045146

Numéro d'affiliation à la CNAS[4]: 15.356.349.49

L'entreprise est classée à la catégorie : TROIS-(III)

Qualifiée dans les activités ci-après

Activité principale : Travaux publics - Codes -347/4256 - 347/4272

Activités secondaires : 1/ -T.Batîment : Codes 331/3110 - 331/3133-

2/ -T.Hydraulique : Codes - 34/703 - 34/705 -

Pour une durée de Cinq (5) années à compter du 01 JUIL 2015

示例三：主营范围为建筑的专业资质等级证书

（详见后附原件）

专业资质等级证书
R/2015/56/284/TP/16：

提济乌祖省 / 秘书处 /15

兹授予：

BERRAI AZEDINE 公用 / 建筑与水利工程公司

公司总部所在地：Ighil Iloudhene Cne de
　　　　　　　　Yakourene-Tizi-Ouzou

负责人：BERRAI AZEDINE

工商登记号：15/00 0235631 A 02

纳税人识别码 N°：173152000045146

国家社保基金编号：15.356.349.49

公司等级鉴定为：　叁 - (三)

具有如下业务资质

主营业务：公共工程—代码 -347/4256 - 347/4272

副营业务：1/ - 建筑工程：代码　331/3110 -
　　　　　331/3133-
　　　　　2/ - 水利工程：代码 - 34/703 - 34/705 -

自 2015 年 7 月 1 日起算，有效期伍（5）年。

1. Wilaya：省。阿尔及利亚的行政区划。

2. SG：秘书处。全称为：secrétariat général。

3. E.T.P.B.H：公共工程、建筑与水利公司。
全 称 为：Entreprise de Travaux Publics,
Bâtiment & Hydraulique。

4. CNAS：国家社保基金。全称为：Caisse
Nationale des Assurances Sociales。

Exemple 4 Les statuts

STATUTS[1]

SOCIETE : _____ SARL[2]

CAPITAL SOCIAL : _____ MAD[3]

SIEGE SOCIAL : _____

Les soussignés :

Indiquer :

- Pour les personnes physiques, les noms, prénoms, date et lieu de naissance, nationalité, domicile, numéro des pièces d'identité (pour les associé(e)s personne physique étrangère non résidente au Maroc, veuillez mentionner leurs adresses à l'étranger)

- Pour les personnes morales, indiquer le nom, le prénom, le domicile et la qualité du représentant légal de la société, ainsi que la dénomination sociale, la forme, le capital social, le siège et le numéro du RC[4] de la société qu'il représente

- _____.

TITRE PREMIER
FORME - OBJET- DENOMINATION - SIEGE – DUREE

ARTICLE 1 FORMATION

Il est formé par les présentes entre les comparants attributaires[5] des parts[6] ci-après créées et tous ceux qui pourraient devenir cessionnaires[7] , à un titre quelconque, des parts ci-après créées ou des parts créées en représentation d'augmentation de capital[8].

ARTICLE 2 OBJET

La Société a pour objet tant au Maroc qu'à l'étranger tant pour son compte que pour le compte des tiers :

_____

_____

Et plus généralement, toutes opérations commerciales, industrielles, financières, mobilières et immobilières, se rattachant directement ou indirectement aux objets précités, ou susceptibles de favoriser la réalisation et le développement.

ARTICLE 3 DENOMINATION

La Société prend la dénomination de : « _____» Société à Responsabilité Limitée (et pour sigle:_____ s'il existe).

示例四：公司章程

公司章程

"_____"有限责任公司

注册资本：_____**迪拉姆**

公司住所：_____

签字人：

需写明：

- 如为自然人，需注明姓名、出生日期和地点、国籍、住址、身份证号码、（对于在摩洛哥无固定住所的外国合伙自然人，请注明国外住址）。

- 如为法人，需注明公司法人代表姓名、住址和职务，以及其所代表公司的名称、公司性质、注册资本、地址和工商注册号。

- _____

第一章
公司性质—宗旨—名称—住所—期限

第一条 公司设立

下述股份持有者、未来的各种股份受让者或新增资本的股份受让者，通过本章程，设立本公司。

第二条 宗旨

公司旨在摩洛哥或国外为公司和第三方：

_____，

_____获取利益。

通常情况下，上述宗旨是通过商业、工业、金融、动产和不动产业务达成。且这些业务直接或间接地与上述宗旨相关，或有利于宗旨实现或促进宗旨实现。

第三条 公司名称

公司名称为："_____"有限责任公司。
（如有缩写标志：_____）。

---

1. STATUTS：公司章程。公司章程是公司组织和行为的基本准则，规定了出资比例、股权转让、行政机构、利润分配、撤资等方面的内容。

2. SARL：有限责任公司。全称为"Société à Responsabilité Limitée"。

3. MAD：迪拉姆。摩洛哥货币单位，也写作"Dirham"。

4. numéro du RC：工商注册号。全称为"le numéro de registre de commerce"。

5. comparants attributaires：持有人。法律术语，此处指股份的持有人。

6. parts：股份。通过投资而获得的公司资本份额。

7. cessionnaires：受让人。此处指公司股份的购入者。

8. en représentation d'augmentation de capital：新增资本的方式。指公司资本扩大时，增加持有公司资本的方式。

Dans tous actes, factures, bordereaux et pièces quelconques concernant la société, la dénomination devra être suivie des mots écrits visiblement et en toutes lettres : SOCIETE A RESPONSABILITE LIMITEE.

[ARTICLE 4 SIEGE SOCIAL]
[ARTICLE 5 DUREE]

TITRE DEUXIEME
APPORT - CAPITAL SOCIAL

ARTICLE 6 APPORTS[1]

Il est fait apport à la présente société :

- Par (*personne physique, le nom, prénom/ personne morale, dénomination sociale*)
De la somme en espèces de _____ MAD (en lettres Dirhams)
- Par (*personne physique, le nom, prénom/ personne morale, dénomination sociale*)
De la somme en espèces de _____ MAD (en lettres Dirhams)
TOTAL_____ MAD

Si le capital est supérieur à Cent Mille Dirhams

(Laquelle somme, les associés déclarent l'avoir déposée dans un compte bancaire bloqué ouvert au nom de la Société dans la Banque dite : _____.)

ARTICLE 7 CAPITAL SOCIAL[2]

Le capital social est fixé à la somme de_____ MAD (*en lettres Dirhams*) divisé en _____ (*en lettres*) parts sociales de_____ MAD (*en lettres Dirhams*)

Si le capital est totalement libéré :

(*chacune totalement libérée, et attribuée aux associés en proportion de leurs apports respectifs.*)

Si le capital est libéré à hauteur du ¼, ½, ¾ _____ :

(*chacune libérée à concurrence du ¼, ½, ¾* _____, *et attribuée aux associés en proportion de leurs apports respectifs.*)

- (*personne physique, le nom, prénom/ personne morale, dénomination sociale*)
_____ Parts
- (*personne physique, le nom, prénom/ personne morale, dénomination sociale*)
_____ Parts
TOTAL _____Parts

La libération du surplus[3] interviendra sur décision des cogérants, en une ou plusieurs fois dans un délai qui ne pourra excéder cinq (5) ans à compter de l'immatriculation de la société au registre de commerce.

在所有关于公司的文件、发票、清单和任何字据上，在公司名称之后都应当清楚且完整地写明"有限责任公司"。

[第四条 公司住所]

[第五条 营业期限]

第二章

出资额—注册资本

第六条 出资额

本公司出资人：

- （自然人，姓名 / 法人，公司名称）缴纳现金
_____迪拉姆（大写）
- （自然人，姓名 / 法人，公司名称）缴纳现金
_____迪拉姆（大写）

共计_____迪拉姆（大写）

如果资本超过十万迪拉姆：

（则合伙人声明已将该款项以公司名义存入 _____
_____银行的冻结账户）

第七条 注册资本

注册资本金额为_____迪拉姆（大写），股份总数为_____（大写），每份金额为_____迪拉姆（大写）

如果资本全部缴清：

（所有股份全部缴清，按照每位发起人所缴纳出资额比例给与股份。）

如果资本缴纳比例达到 ¼, ½, ¾ _____：

（所有股份缴纳比例达到 ¼, ½, ¾ _____时，按照每位发起人所缴纳出资额比例给与股份。）

- （自然人，姓名 / 法人，公司名称）
_____股
- （自然人，姓名 / 法人，公司名称）
_____股

总计_____股

自公司注册起伍（5）年内，根据公司共同管理人的决定，出资余额可一次或多次缴清。

1. APPORTS：出资额。是指在设立股份公司时，各发起人直接投入的资本金。

2. CAPITAL SOCIAL：注册资本。也称为注册资金。以发起人认缴的资本总额。

3. Surplus：余额。一笔款项的余额。

[ARTICLE 8 AUGMENTATION REDUCTION DE CAPITAL]
[ARTICLE 9 PARTS SOCIALES]
[ARTICLE 10 INDIVISIBILITE DES PARTS SOCIALES]
[ARTICLE 11 DROITS DES PARTS SOCIALES]
[ARTICLE 12 LIMITATION DE LA RESPONSABILITE DES ASSOCIES]

ARTICLE 13 CESSION DE PARTS

Les cessions de parts se feront par acte sous signatures privées[1] ou par acte authentique[2], elles devront être signifiées à la Société. Les parts sociales sont librement cessibles entre associés à leur valeur nominale.

Elles ne pourront être cédées à des tiers étrangers qu'en vertu d'une décision prise à l'unanimité des associés. En cas de cession projetée à une personne autre qu'un associé, le cédant doit en faire la déclaration à la gérance par lettre recommandée, en indiquant les nom, prénom, profession et domicile du cessionnaire, le nombre des parts à céder et le prix de la cession.

Dans la quinzaine qui suit la réception de cette déclaration, la gérance en adresse une copie certifiée à chacun des associés par lettre recommandée et les invite en même temps, à lui faire connaître au moyen d'un vote écrit, dans le délai de dix (10) jours à compter de la date de l'envoi de cette copie, s'ils donnent ou non leur consentement à la réalisation de la cession projetée ;

Si ce consentement n'est pas obtenu, la cession ne peut être régularisée.

En tout état de cause, les associés fondateurs auront un droit de préemption sur tout acquéreur étranger pour le rachat des parts cédées à leur valeur nominale, même si l'exercice de ce droit entraîne la dissolution de la Société et a pour conséquence de transporter à un seul associé la totalité de l'actif et du passif social.

Les dispositions qui précèdent sont applicables à tous les cas de cession, même par adjudication publique en vertu d'une ordonnance de justice ou autrement, elles sont également applicables aux mutations par décès et aux transmissions entre vifs par voie de donation.

TITRE TROISIEME
ADMINISTRATION DE LA SOCIETE

ARTICLE 14 LES GERANTS

La Société est administrée par un ou plusieurs gérants pris parmi les associés ou en dehors d'eux, nommés par les associés à la majorité.

ARTICLE 15 DROITS DES GERANTS

Les gérants pourront sous leur responsabilité et d'un commun accord constituer un ou plusieurs mandataires généraux ou spéciaux pouvant autoriser ou signer tous actes dans la limite que leur conféreront leurs pouvoirs mais devant, dans ce cas, faire précéder

[第八条 注册资本的增减]

[第九条 公司股份]

[第十条 公司股份的不可分割性]

[第十一条 股份的权益]

[第十二条 合伙人责任范围]

第十三条 股份转让

股份应通过私署证书或公证证书的形式转让，且转让事宜应当通知公司。公司股份可在合伙人之间以票面价值自由转让。

除非合伙人一致同意，不能将股份转让给公司股东以外的第三方。如果计划将股权转让给合伙人以外的人，让与方应以挂号信的方式，向管理层申报受让方的姓名、职业和住址，以及股份数量和转让价格。

在收到申报后十五天内，管理层应通过挂号信的方式，将一份经过认证的申报复印件送达每个股东，并同时要求他们在寄出该复印件之日起拾（10）天内以书面表决的方式告知管理层是否同意实施该转让计划。

如果未能取得全体同意，则该转让不符合规定。

无论何种情况，公司创始合伙人，相对于公司股东以外的购买者，拥有优先购买权，可以优先以票面价值回购已出让的股份，即使行使该优先权导致公司解散或将公司所有资产和债务转移到唯一一个合伙人名下。

上述规定适用于所有股份转让的情况，即使是按照司法命令等进行的公开拍卖，也适用于由于死亡引起的股份转移以及生前赠与的情况。

第三章
公司行政机构

第十四条 管理人员

公司由一个或多个管理人员管理，管理人员由多数合伙人同意任命。可任命合伙人或非合伙人为管理人员。

第十五条 管理人员权利

在负全责并在共同同意的情况下，管理人员可指派一个或多个一般或特别代理人。该代理人可在其权限范围内批准或签署所有文件，签名时，代理人应在署名前注明其

1. acte sous signatures privées 私署证书。仅当事人签字的契约证明文件，特点是方便，节省费用。

2. acte authentique：公证证书：经过公证的契约证明文件，效力大于私署证书。

la signature de la mention de procuration concédée et de leur qualité.

ARTICLE 16 POUVOIRS DES GERANTS

Les gérants ont les pouvoirs les plus étendus pour agir au nom de la société et pour faire autoriser toutes les actions ou opérations de gestion et tous les actes de dispositions ordinaires.

Limitation du pouvoir du gérant :

(Toutefois, les gérants ne pourront pas sans l'autorisation de la majorité des associés : - Vendre, échanger, hypothèque, se porter, au nom de la société, caution solidaire ou aval au profit d'un tiers ...)

TITRE QUATRIEME
REPARTITION DES BENEFICES ET DES PERTES

[ARTICLE 17 ANNEE SOCIALE]
[ARTICLE 18 INVENTAIRE BILAN]

ARTICLE 19 REPARTITION DES BENEFICES

Les produits de l'exercice[1], déduction faite de tous frais généraux[2] et charges sociales afférents à l'exercice et de tous amortissements décidés par la gérance, constituent les bénéfices nets.

Sur ces bénéfices, il est prélevé 5% pour constitution de la réserve légale[3], jusqu'à ce que cette réserve représente au moins le 1/10ème du capital social.

Après ce prélèvement, la distribution des dividendes sera décidée par l'assemblée générale ordinaire statuant en application de l'article 22 des présentes.

Toutefois, les associés, peuvent, sur la proposition de la gérance, et à la majorité, effectuer tout ou partie de ce solde de bénéfices, à un fonds de réserve[4] général ou spécial dont ils déterminent l'emploi ou la destination. Les pertes, s'il en existe, seront supportées par tous les associés, gérants ou non gérants proportionnellement au nombre de parts leur appartenant, sans qu'aucun d'eux puisse être tenu au delà du montant de ses parts, la mise en paiement des dividendes aura lieu chaque année aux époques fixées par la gérance.

[ARTICLE 20 CAS DE DECES D'UN ASSOCIE]

ARTICLE 21 LIQUIDATION[5]

En cas de dissolution de la société pour quelque cause que ce soit, autre que celles de l'exercice du droit de préemption prévu à l'article 13, il sera procédé à la liquidation par les soins du ou des gérants alors en fonction, par un liquidateur étranger.

Le ou les liquidateurs auront les pouvoirs les plus étendus, selon les lois et usages du commerce, pour réaliser l'actif mobilier et immobilier, éteindre le passif et régler tous comptes.

受到的委任及其职务。

第十六条 管理人员权力

管理人员拥有最广泛的权力，以公司名义开展工作，或批准所有管理行为或业务，以及所有一般的处置行为。

管理人员的权力范围：

（尽管如此，管理人员未经多数合伙人同意，不得以公司名义进行：出售、交换、抵押，为第三方利益提供连带保证或担保。）

第四章
利润分配和损失分担

[第十七条 公司年度]
[第十八条 资产负债表的清产核资]

第十九条 利润分配

年度收入扣除该年度管理费和社保缴费、以及管理层决定的折旧金后，构成公司的净利润。

上述利润中，提取 5% 作为法定盈余公积，提取金额达到公司注册资本 10% 时可不再提取。

在提取上述资金后，分红由股东大会决定。股东大会按照本章程第二十二条规定召开。

尽管如此，在多数合伙人同意的情况下，可根据管理层提出的建议，决定利润余额全部或部分充入一般储备金或专门储备金。该储备的使用和用途由合伙人决定。如有亏损，应当由所有合伙人，无论其是否为管理人员，依据所持有的股份数量承担，股东无需承担超过其持有股份金额的损失。红利分配每年进行，具体时间由管理层确定。

[第二十条 合伙人死亡]

第二十一条 清算

除因为执行第十三条规定的优先购买权导致的公司解散之外，其它无论何种原因导致的公司解散，都应由在任的管理人员负责委托外部清算人进行清算工作。

根据法律和商业惯例，清盘人拥有最为广泛的权力变卖动产和不动产，用于清偿债务。

1. l'exercice：会计年度。会计年度是以年度为单位进行会计核算的时间区间，是反映单位财务状况、核算经营成果的时间界限。

2. frais généraux：管理费。会计科目之一，指与生产无直接关系的间接费用，如行政人员的工资，办公费，仓库管理费，检验试验费，固定资产的折旧、维修和占用费，流动资金的利息支出、税金等。

3. la réserve légale：法定盈余公积。是国家规定企业必须从税后利润中提取的盈余公积，用于弥补公司亏损，扩大公司生产经营等用途。

4. un fonds de réserve：储备金。会计科目之一，按照股东大会的决议提取，按照公司章程确定其用途或去向。

5. LIQUIDATION：清算。当公司出现债台高筑、经营不善等问题，可进行清算，即公司停止运作，出售资产后偿还债务，最后宣布解散公司的程序。

Exemple 5 L'extrait de rôles[1]

IDENTIFICATION DU CONTRIBUABLE

TIN[2]:

NIF[3]:

Raison sociale :

Adresse :

		COTISATIONS EMISES					VERSEMENTS EFFECTUES				
Nature cotisation	Année impos	No rôle	Date mise en recou	Principal à payer	Pénalités	Total	Principal payé	Pénalités	Total	Reste dû	No et date Sursis légal[4]
PEN[5]/TCA[6]	2015	20150031	21/08/2016	20 709,00	5 177,25	25 886,25	0,00	0,00	0,00	25 886,25	NON
TAPR[7]	2015	20150031	21/08/2016	17 867,00	4 466,75	22 333,75	22 000,00	100,00	22 100,00	233,75	NON
TVAR[8]	2016	20160031	21/08/2016	138 066,00	34 516,50	172 582,50	172 582,50	0,00	172 582,50	0,00	NON
TOTAL				176 642,00	44 160,50	220 802,50	194 582,50	100,00	194 682,50	26 120,00	

Références des échéanciers : _____

Date de signature de l'engagement : _____

Montant du versement initial exigé : _____

Montant de la mensualité fixée en principal : _____

NB : En application des dispositions combinées des articles 291 code des impôts directs et taxes assimilées et 184 de la loi de finance pour 2002, la délivrance des extraits de rôles aux contribuables est gratuite. Ceux-ci ne peuvent demander des extraits de rôles aux titres de l'IRG[9], IBS[10], VF[11] et TAP[12] qu'en ce qui concerne leurs cotisations

示例五：完税证明

纳税人信息
纳税人识别码（TIN）：
纳税人识别码（NIF）：
公司名称：
地址：

税金种类	缴税年份	税单编号	收缴时间	已通知应缴税金			已缴税金	已缴费金			《延迟缴税书》编号及日期
				应缴税金	罚款	小计		罚款	小计	欠缴	
罚金/营业额税	2015	20150031	21/08/2016	20,709.00	5,177.25	25,886.25	0.00	0.00	0.00	25,886.25	无
拖欠营业税	2015	20150031	21/08/2016	17,867.00	4,466.75	22,333.75	22,000.00	100.00	22,100.00	233.75	无
拖欠增值税	2016	20160031	21/08/2016	138,066.00	34,516.50	172,582.50	172,582.50	0.00	172,582.50	0.00	无
总计				176,642.00	44,160.50	220,802.50	194,582.50	100.00	194,682.50	26,120.00	

缴请期限：
承诺签署日期：
首次需缴金额：
税金月缴固定金额：

注意：跟踪直接税和类似税的税法第291条条款以及2002年金融法第184条款中的联合规定，对纳税人出具完税证明是免费的。纳税人仅能申领总收入所得税、公司利润税、工资税和营业税等税种的完税证明。

1. L'extrait de rôles：完税证明。在税务局开具。其可以佐证《完税证明》持有者已依法缴税，故表格中主要罗列欠税项目和金额。如无欠税，全部标注为"无"。

2. TIN：纳税人识别码。全称为"Taxpayer Identification Number"。在第一次报税时，由税务局授予的编号。L'attribution d'un TIN pour les personnes physiques intervient donc en principe après une première déclaration fiscale (déclaration annuelle de revenu par exemple) ou à la naissance d'une première obligation de paiement (émission du premier avis de la taxe d'habitation par exemple).

3. NIF：纳税人识别码。全称为"Numéro d'identification fiscal"。在税务登记时（还没有报税），由税务局授予的编号。Ce NIF est donné au moment de l'enregistrement de la personne dans la base de données de l'administration fiscale。

4. Sursis légal：《延迟缴税书》。指允许纳税人将其应纳税款延迟缴纳或分期缴纳的同意书。

5. PEN：罚金。Pénalité 在表格中的缩写形式。

6. TCA：营业额税。全称为"taxe sur le chiffre d'affaires"。

7. TAPR：拖欠营业税。全称为"Taxe sur l'activité professionnelle retardée"。

8. TVAR：拖欠增值税。全称为"Taxe sur la valeur ajoutée retardée"。

9. IRG：总收入所得税。也称为个人所得税，全称为"L'impôt sur le revenu global"。阿尔及利亚居民在阿尔及利亚境内或境外获取的收入，或者阿尔及利亚非居民在阿境内获取的收入，均须按规定缴纳总收入所得税。

10. IBS：公司利润税。全称为"Impôt sur les bénéfices des sociétés"。

11. VF：工资税。全称为"Versement Forfaitaire"。

12. TAP：营业税。全称为"Taxe sur l'activité professionnelle"。

Exemple 6 La garantie de bonne exécution

GARANTIE DE BONNE FIN[1] À PREMIÈRE DEMANDE

Nom de l'établissement financier/banque

(Lieu/date)

Référence : Projet de construction de la nouvelle ville De Port-Bouët[2]

ARTICLE 1 DECLARATION SUR LA GARANTIE, LE MONTANT ET L'OBJET

Nous, soussignés _____(nom et adresse de l'établissement financier ou de la banque, ci-après désignés « le garant »), déclarons par la présente que nous émettons en faveur de société_____(ci-après désigné « le contractant »), une garantie inconditionnelle, irrévocable, indépendante et à première demande, consistant dans l'engagement de verser au contractant une somme équivalente au montant suivant :

en chiffres : _____ Franc CFA, en toutes lettres : _____ Franc CFA

Sur simple demande, pour la bonne exécution du contrat conclu entre la Commission et le contractant, comme indiqué dans le contrat _____ (n° /désignation précise, ci-après désigné « le contrat »).

ARTICLE 2 EXECUTION DE LA GARANTIE

Si le contractant nous fait savoir que le contractant n'a pas, pour une raison quelconque, satisfait à ses obligations contractuelles à la date prévue, nous nous engageons, par ordre et pour le compte du contractant, à verser immédiatement jusqu'à concurrence du montant en Franc CFA susmentionné, sans faire valoir d'exception ni d'objection, au compte indiqué par la Commission, dès réception de la première demande écrite présentée par la Commission par lettre recommandée ou par messagerie avec accusé de réception. Nous nous engageons à informer la Commission par écrit dès que le paiement est effectué.

ARTICLE 3 OBLIGATIONS DU GARANT

1. Nous renonçons au droit d'exiger l'épuisement des recours préalables[3] envers le contractant et à tout droit de refus de la prestation, de rétention, de non-paiement ou de compensation et nous renonçons également à faire valoir des droits éventuels que le contractant pourrait avoir vis-à-vis de la Commission en vertu du contrat ou en liaison avec ce dernier, ou sur toute autre base.

2. Les obligations qui nous incombent en vertu de la présente garantie ne sont pas affectées par les mesures ou accords éventuels dont la Commission conviendrait avec le contractant et qui concerneraient les obligations de ce dernier en vertu du contrat.

示例六 履约保函

见索即付的履约保函

金融机构 / 银行名称

（地点 / 时间）

事由：布埃港新城建设项目

第一条 保函、保额与标的声明

　　兹声明，_____（金融机构或银行名称及地址，以下简称"担保人"），为_____公司（以下简称"签约方"）签发一份无条件、不可撤销、独立的、且见索即付的担保函，承诺向签约方支付如下金额：小写：_____西非法郎，大写：_____西非法郎

　　如合同_____（合同号 / 准确名称，以下简称"合同"）所示，仅需申请即付，此保函旨在保证业主委员会与签约方之间所签合同的良好履行。

第二条 保函履行

　　只要签约方告知我方，签约方无论任何原因未如期履行其合同义务，我方承诺，一旦收到业主委员会以带回执的挂号信或函件的方式发出的书面赔付申请后，我们将以签约方的名义，立即向业主委员会指定的账户，支付最高不超出上述非洲法郎金额的款项，绝不拒付，也无异议。我们承诺，一旦支付，即书面通知业主委员会。

第三条 担保人义务

1. 我方放弃对签约方行使事前追索权，也放弃拒绝履行、扣留、拒付、赔偿的权利。同样，我们也放弃行使，签约方依据合同、基于与合同的关联或根据其它各种理由，针对业主委员会可能主张的权利。
2. 我方在本保函中所承担义务不受业主委员会与签约方所商定办法或约定的影响。

1.GARANTIE DE BONNE FIN：履约保函。La garantie de bonne exécution 为其同义词。该文件是银行应申请人（在建筑工程投标中通常为承包方）的要求，向工程的业主（通常为建设方）作出的履约保证。如申请人在约定期限内未完成承建的项目，则银行向业主支付一定金额的款项。

2. Port-Bouët：布埃港。位于科特迪瓦首都阿比让。

3. recours préalables：事前追索权。这里指银行在执行保函所规定义务前（向业主委员会付款），不会先向签约方提出追索。而是立即支付。

165

3. Nous nous engageons à informer immédiatement la Commission par écrit, et cela par lettre recommandée ou par messagerie avec accusé de réception, si une modification est apportée à notre statut juridique, à la structure de notre propriété ou à notre adresse.

ARTICLE 4 DATE DE L'ENTRÉE EN VIGUEUR

La présente garantie entre en vigueur à compter de sa signature.

ARTICLE 5 DATE DE FIN ET CONDITIONS DE LIBERATION

1. Nous ne pouvons être libérés des obligations résultant de la présente garantie qu'avec le consentement écrit de la Commission.

2. La présente garantie expire lorsque l'original du présent document est renvoyé à nos bureaux par la Commission, par lettre recommandée ou par messagerie avec accusé de réception.

3. La restitution de l'original intervient au plus tard un mois après le versement du solde prévu par le contrat ou trois mois après l'établissement de l'ordre de recouvrement correspondant.

4. Après son expiration, la présente garantie est automatiquement réputée nulle et non avenue et aucune demande la concernant, quel qu'en soit le motif, n'est plus recevable.

ARTICLE 6 LEGISLATION APPLICABLE ET TRIBUNAUX COMPETENTS

1. La présente garantie est régie par la législation applicable au contrat et interprétée conformément à celle-ci.

2. Tout litige relatif à la présente garantie relève de la juridiction exclusive des tribunaux compétents pour le contrat.

ARTICLE 7 CESSION DES DROITS

Les droits liés à la présente garantie ne peuvent pas être cédés sans notre consentement écrit.

Fait à_____ (lieu), le _____ (date).

_____ (Signature)

Fonction au sein de l'établissement financier/de la banque

_____

Fonction au sein de l'établissement

_____

3. 我方承诺，如果我公司的法定章程，产权结构或地址发生变更，我们将立即以带回执的挂号信或函件的方式书面通知业主委员会。

第四条　生效日期

本保函签字后生效。

第五条　保函终止日期和解除条件

1. 只有经业主委员会书面同意后，我方在本保函中所承担义务方能解除。

2. 一旦业主委员会以带回执的挂号信或函件的方式将本文件原件寄回我方办公室，本保函即失效。

3. 最迟在合同规定余款支付后一个月或相关催款书发出后三个月内，应退回保函原件。

4. 本保函失效后，将自动丧失所有效力，以何种理由提出的任何要求，将不再被受理。

第六条　适用法律和管辖法院

1. 本保函适用合同相关法律法规，并且本保函的解释须遵照合同相关法律法规。

2. 本保函所涉纠纷，只接受有合同管辖权的法庭管辖。

第七条　权利转让

本保函中所涉及的权利，未经我方书面许可，不得转让。

于_____（地点）_____（日期）开立
_____（签字）

在金融机构（银行）中所担任的职务
_____
在公司（机构）中所担任的职务
_____

Exemple 7   Le planning des travaux[1] (planning à barres[2])

#	Tâche	SEPTEMBRE	OCTOBRE	NOVEMBRE	DÉCEMBRE	JANVIER	FÉVRIER	MARS	AVRIL	MAI
1	Installation du chantier[3]	■								
2	Implantation de la maison[4]	■								
3	Réseau sous dallage[5]		■							
4	Dallage rez-de-chaussée		■							
5	Murs rez-de-chaussée+poteau		■							
6	Plancher étage+poutre		■							
7	Mur étage avec chaînage		■							
8	Charpentier		■							
9	Couvreur			■						
10	Pose seuils[6], appuis[7] et dressement[8]									
11	Commande+délai menuiserie	C[9]	R[10]							
12	Pose menuiserie extérieure			DS[11]						
13	Enduit des pignons et façade			FS[12]						
14	Plaquiste[13]–pose de l'ossature+isolat			■						
15	Electricité–pose de fourreaux	■			■					
16	Electricité–pose gaines de VMC[14]	■			■					
17	Plomberie Pose-canalisation				■					
18	Plaquiste-pose des plaquistes de plâtre					■				
19	Plaquiste-pose des portes intérieures					■				
20	Plaquiste-bandes des plaques[15]					DS				
21	Electricité-plancher chauffant					FS				
22	Couler la chape						■			
23	Peinture						■			
24	Plomberie–Pose nourrice[16] et raccords							■		

CONGES ANNUELS

示例七 工程计划安排（横道图）

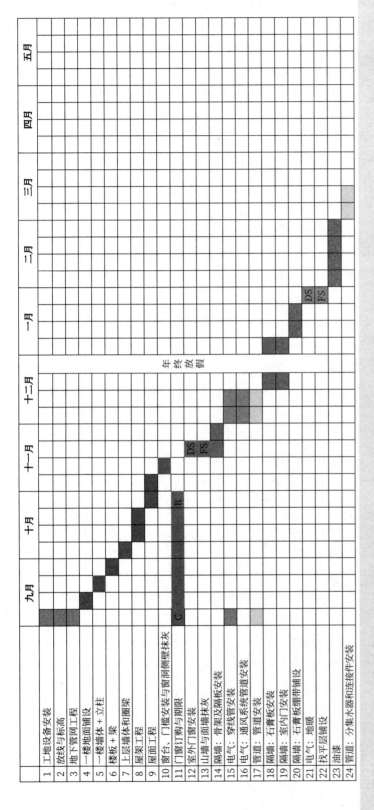

1. Le planning des travaux：工程计划安排。主要内容是从工程的开始到结束，期间的主要施工工序、各工序所需时间，以及不同专业穿插施工的流程。

2. planning à barres：横道图。该图横轴表示时间，纵轴表示活动，横向的线条（本例中文为高亮标示）则表示对应期间内计划和实际的工作任务的完成情况。

3. Installation du chantier：工地设备安装。主要是指工地需要使用的起重机、打桩机等大型设备的安装。

4. Implantation de la maison：放线与标高。Lors de l'implantation, le géomètre détermine le niveau zéro de la future maison, c'est-à-dire le niveau du futur revêtement de sol du rez-de-chaussée. Il détermine également le nombre de m³ de terre à prévoir et à laisser sur place pour le remblayage du terrain.

5. Réseau sous dallage：地下管网工程。即在铺设房屋地面之前需要进行的管网施工。Un réseau sous dallage est l'ensemble des canalisations et tuyaux qui passent sous la dalle de votre maison.

6. Seuils：门槛。门或落地窗的底部横档。

7. Appuis：窗台。

8. Dressement：窗洞侧壁抹灰。为保证窗户安装尺寸准确、垂直和防水，在安装窗框前，需对窗洞侧壁抹灰。也称为"bande de redressement"。

9. C：订购。是 commande 的缩写。

10. R：验收。是 réception 的缩写。

[注释未完，见下页。]

	SEPTEMBRE	OCTOBRE	NOVEMBRE	DÉCEMBRE	JANVIER	FÉVRIER	MARS	AVRIL	MAI
25 Electricité–câbles, tableau, spots							■		
26 Carrelage–temps de séchage chape						■	■		
27 Pose de carrelage + faïence							■		
28 Parquet–temps de séchage chape						■	■		
29 Parquets								■	
30 Plomberie–pose sanitaire robinetterie							■	■	
31 Electricité–finition chauffage / VMC.							■	■	
32 Menuiserie–escalier, chambranle, jeu[17]					■			■	
33 Cuisine					■			■	
34 Serrurerie–pose garde-corps		■						■	
35 Réseau eaux pluviales et drainage						■			
36 Pose des tuyaux de descente pluviale						■			
37 Assainissement							■		
38 Nivellement du terrain								■	
39 Pré-réception[18] de chantier									PR[19]
40 Nettoyage du bâtiment									■
41 Réception									R

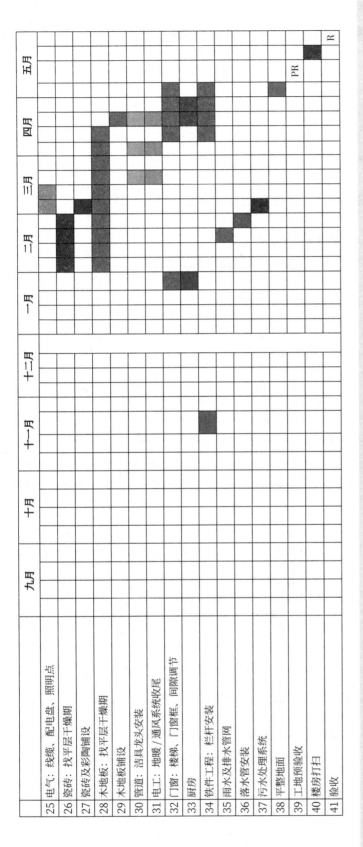

		九月	十月	十一月	十二月	一月	二月	三月	四月	五月
25	电气：线缆、配电盘、照明点						■	■		
26	瓷砖：找平层干燥期						■			
27	瓷砖及彩陶铺设							■		
28	木地板：找平层干燥期							■	■	
29	木地板铺设								■	
30	管道：洁具龙头安装								■	
31	电工：地暖/通风系统收尾								■	■
32	门窗：楼梯、门窗框、间隙调节					■		■	■	
33	厨房								■	
34	铁件工程：栏杆安装			■						
35	雨水及排水管网						■			
36	洛水管安装							■		
37	污水处理系统									
38	平整地面									
39	工地预验收									PR
40	楼房打扫									
41	验收									R

[注释（11-16），接上页。]

11. DS：周一。全称为"Début de semaine"。

12. FS：周末。全称为"Fin de semaine"。在有些社区，在非工作日只允许静音施工，而抹灰施工没有噪音，所以安排在周末施工。

13. Plaquiste：隔墙工程。由隔墙专业人员进行的隔墙、室内门、石膏板、隔音隔热材料安装。

14. VMC.：通风系统。全称为"la ventilation mécanique contrôlée"。这是一种为房屋内部提供换气功能的系统，通常包括一个风机和一套通风管。

15. bandes des plaques：石膏板绷带，也被称为接缝纸带。这是一种带状材料，在石膏板安装完毕后贴在接缝处，使其形成一个整体。

16. Nourrice：分集水器。通常是指用于地暖系统中，用于连接采暖主干供水管和回水管的装置。

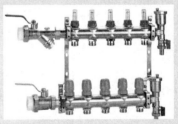

17. Jeux：（门窗与门窗框之间的）间隙。

18. Pré-réception：预验。工程验收通常分为预验收和竣工验收。预验收即为非正式验收，目的是发现问题及时整改，在正式验收之前消缺。

19. PR：预验收。全称为"pré-réception"。

Exemple 8 Le casier judiciaire[1] (version étrangère)

ROYAUME DU MAROC

MINISTERE DE LA JUSTICE   BULLETIN N° 3

COUR D'APPEL DE FES   MOD 2.29.51

TRIBUNAL DE PREMIERE INSTANCE DE FES

RELEVE DES CONDAMNATIONS PRIVATIVES DE LIBERTE

BULLETIN N° 3
EXTRAIT DU CASIER JUDICIARE

NOM DE FAMILLE : _____

PRENOM : _____

FIL[2] ⎯ DE : _____

ET : _____

NE(E) LE : _____

DEMEURANT : _____

SITUATION DE FAMILLE[3] : _____

PROFESSION : _____

NATIONALITE : _____

DATES DES CONDAMNATIONS	COUR OU TRIBUNAUX	NATURES DES CRIMES ET DELITS	NATURE ET DUREE DE LA CONDAMNATION	OBSERVATION

VU AU PARQUET   COPIE CERTIFIEE CONFORME

LE PROCUREUR DU ROI   APRES VERIFICATION D'IDENTITE

FES LE :

P. O[4] SECRETAIRE GREFFIER EN CHEF

示例八：无犯罪证明（外国版）

摩洛哥王国
司法部　　　　　　　　　　表三
非斯上诉法院　　　　　　　式样 2.29.51
非斯初审法庭

剥夺自由的判决记录

表三
犯罪记录摘要

姓：_____

名：_____

儿子或女儿 ——┬— 父：_____

　　　　　　　└— 母：_____

出生日期：_____

居住地：_____

婚姻状况：_____

职业：_____

国籍：_____

判决日期	判决法院 或法庭	犯罪或 不法行为类别	犯罪或 不法行为类别	备注

检察院审核　　　　　　　　　本件经查验无误！
国王检察官

（日期）_____于非斯
　　　　　　首席书记官秘书签署

---

1. Casier judiciaire: 无罪证明。也称为"犯罪记录"。该证明通常是当事人向法院提出申请，法院根据查询结果并与检察院核对后，可出具的一份当事人所受到的法律处罚清单。如该清单未列出任何处罚，则证明当事人在相应时间内未受过法律处罚。

2. Fil: 儿子或女儿。需在其后填写 s 或 le。

3. SITUATION DE FAMILLE: 婚姻状况。一般可选择填写：marié(e), célibataire, divorcé(e), veuf(ve)。

4. P. O: 签署。全称为"pour ordre"。通常置于文件的署名旁，用于指明有权签署的人员。

Exemple 9 Le casier judiciaire (version chinoise)

ATTESTATION

Je soussigné, directeur du commissariat, atteste que Monsieur L S, né le X Juillet 19XX au N° 37 Bd WEIHAI quartier SIFANG de la ville de QINGDAO SHANDONG, titulaire de passeport XXX, n'a commis rien d'infraction ni de crime.

Cette attestation est délivrée pour servir et valoir ce que de droit.

La SURTE DU QUARTIER SIFANG
de la ville de QINGDAO SHANDONG
Faite le 09 Janvier 2004

Exemple 10 Les références professionnelles dans la réalisation des travaux similaires

(Voir l'original attaché ci-après)[1]

Attestation de travaux[2] Pour le chantier de référence no ··· Seul ce doucement QUALIBAT est recevable pour toute demande, extension ou révision de qualification et ne préjuge pas de son attribution.	Partie Technique

Nom de l'entreprise ayant réalisé les travaux :

Zhongding International Construction Groupe Co. Ltd

Adresse : 10 tajza ben hadadi coop n 20 kism 24 kitaa rakm 02 jounah aymen

> Cachet
> de l'entreprise

☑ **Nom du Client** : La Cour de justice d'Oran
Si vous étiez sous-traitant, l'attestation doit être visée par le Maître d'ouvrage ou Maître d'œuvre d'exécution ou Contrôleur technique
Adresse : Square Maître Thuveny, 31000, Oran, Algérie.

☑ **Nom du maître d'œuvre d'exécution** : BG Ingénieurs Conseils
Architecte, bureau d'études, ingénieurs conseils, etc.
Adresse: 48 Rue mohamed Allilat, 16300 Kouba-ALGER, Algérie

示例九: 无犯罪证明 (中国版)

证明

本人, 派出所所长, 证明 L S 先生, 19XX 年 7 月 X 日生, 住址山东省青岛市四方街威海大道 37 号, 护照号 XXX, 没有任何违法犯罪行为。

特此证明。

山东省青岛市四方街派出所

2004 年 01 月 09 日

示例十: 业绩证明

(参见后附原件)

工程证明	
工地编号为 # _____ 本 QUALIBAT 文件仅用于资质申请、升级或变更, 但本文件并不预示资质的颁发。	技术部分

工程施工公司名称:

中鼎国际建设集团有限公司

地址: 10 tajza ben hadadi coop n 20 kism 24 kitaa rakm 02 jounah aymen

☑ **客户名称**: 奥兰法院

如果您是分包商, 则本证明须由建设方或业主代表、质监部门签章

地址: Square Maître Thuveny, 31000, Oran, Algérie.

☑ **业主代表**: BG Ingénieurs Conseils

建筑设计公司、设计事务所、咨询工程师等

地址: 48 Rue mohamed Allilat, 16300 Kouba – ALGER, Algérie

公司盖章

---

1. 业绩证明原件

2. Attestation de travaux: 工程证明。本工程证明属于工程业绩证明 (référence professionnelle), 用于提供给施工方, 以证明其完成工程项目。

☑ **Nom du Contrôleur technique**: Organisme National de Contrôle Technique de Construction (CTC)

Adresse : 01, Kaddour Rahim Hussein Dey, Alger

Cocher la case du signataire de l'attestation

Nom et adresse du chantier: Palais de Justice d'Oran, 3ème Boulevard Périphérique, Oran, Algérie

Date de début des travaux : Le 23 octobre 2011

Date de réception des travaux : Le 23 juin 2013

Description technique des travaux réalisés:

en fonction des critères techniques de la qualification demandée, indiquer les surfaces, tonnages, puissances, portées, hauteurs...

Réalisation de la construction d'un bâtiment, 93, 8 m de largeur, 110, 75 m de longueur, 50, 38 m de hauteur, dont la surface est de 41 953 m^2. Les travaux réalisés comprennent le terrassement de 80 mille m^3, le coulage de béton de 1 300 m^3, un dôme avec une structure de surplomb[1] dont le diamètre est de 16, 6 m, l'installation de la menuiserie, la réalisation de la décoration.

Montant HT du marché de l'entreprise: 4 843 363 DA[2]

Objet et montant HT des prestations données en sous-traitance par l'entreprise:

Fourniture de mains d'œuvre, montant HT 3 601 465 DA.

Appréciation de la prestation: *à remplir par le client (particulier ou maître d'ouvrage professionnel) ou maître d'œuvre ou bureau de contrôle*

	Très bien	Bien	Passable	Médiocre	Date : Le 21 juillet 2015
Qualité de la réalisation :	☒	☐	☐	☐	Nom du signataire : _____ _____
Respect des délais :	☒	☐	☐	☐	
Tenue du chantier :	☒	☐	☐	☐	
Commentaires du signataire : Zhongding International Construction Groupe Co. Ltd a réalisé les projets conformément à nos prescriptions techniques, dans les délais contractuels et nous a donné entière satisfaction.					**Signature et cachet du client**

☑ **质监部门**：国家建筑质监局 (CTC)

地址：01, Kaddour Rahim Hussein Dey, Alger

勾选本证明签字人前的方框

工地名称和地址：奥兰法院大厦，3ème Boulevard Périphérique, Oran, Algérie

工程开工日期：2011 年 10 月 23 日

工程验收日期：2013 年 6 月 23 日

施工工程技术描述：

根据所申请资质等级的技术标准，注明面积、吨位、功率、跨度、高度等……

楼房建设施工，宽 93.8 米，长 110.75 米，高 50.38 米。建筑面积为 41953 平方米。已完工的工程包括 80000 立方米土方工程、1300 立方米混凝土浇筑量、直径为 16.6 米的悬挑结构穹顶、门窗安装、装饰施工。

承包合同税前金额：4 843 363 DA

由公司分配给分包商部分的税前金额和标的：

劳务供应，税前金额为 3 601 465 DA

对服务的评价：由顾客方（个人或专业建设方）或业主代表或质检办公室填写

	非常好	好	合格	较差	日期：2015.07.21
施工质量：	☒	☐	☐	☐	签字人姓名：____
遵守工期：	☒	☐	☐	☐	
工地管理：	☒	☐	☐	☐	
签署人评价： 中鼎国际建设集团有限公司按照我们的技术规定，在合同规定的期限内完成了工程，我们十分满意。					客户签字

1. Surplomb: 悬挑结构。是指一端埋在或者浇筑在支撑物上，另一端伸出挑出支撑物的建筑结构。

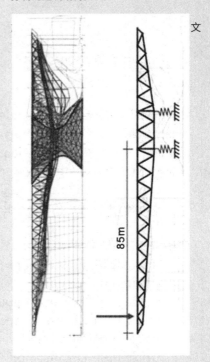

1. Surplomb

Chapitre 11 Contrat d'exécution

<u>CONTRAT DE REALISATION</u>

PROJET : REALISATION DES TRAVAUX D'ENDUIT EXTERIEURE ET INTERIEURE D'UN IMMEUBLE EN R+8[1] AVEC DEUX SOUS-SOLS A BELAIR ORAN

Entreprise : _____

Maître d'œuvre : Cabinet d'Architecture EL-AMAAR.

Sommaire

第十一章 施工合同

施工合同

项目：奥兰 贝莱尔地下两层地上九层建筑室内外抹灰工程施工

1. R+8: rez-de-chaussée + 8 étages: 底楼 + 八层，不含地下室。

承包方：＿＿＿＿＿＿＿＿＿＿＿＿＿＿＿

设计监理方：建筑设计事务所

第三章 工程作价方式

3.01 单价构成

3.02 方量实测

3.03 进度款支付

第四章 普通条款

4.01 合同定义

4.02 施工期限

4.03 超期罚款

4.04 施工单

4.05 承包方地址

4.06 合同金额

4.07 开户行

4.08 工程付款

4.09 预付金

4.10 保证金

    4.10.1 扣押保证金

    4.10.2 扣押保证金的期限

4.11 价格的调整和调价

4.12 保险

    4.12.1 民事责任险和职业险

    4.12.2 出示保险单

4.13 合同解除

4.14 争执和分歧

4.15 不可抗力

4.16 工程验收条件（临时验收和最终验收）

    4.16.1 临时验收

    4.16.2 最终验收

4.17 环保

4.18 施工随查、施工监理和提交解决方案

4.19 生效

4.20 签字地点和日期

附件 01 单价表

附件 02 工程概算

附件 03 施工计划

DECLARATION A SOUSCRIRE

Etablie en application des dispositions de l'article 51 du décret présidentiel N° 10/236 du 07/10/2010 portant réglementation des marchés publics.

01- Dénomination de la société ou raison sociale[1]:_____

02- Adresse du siège social : _____

03- Forme juridique de la société : _____

04- Montant du capital social :_____

05- Numéro et date d'inscription au registre de commerce:_____

06- Numéro d'Identification Fiscale :_____

07- Wilaya où seront exécutées les prestations faisant l'objet du contrat:_____

08- Nom, Prénoms, nationalité, date et lieu de naissance du ou des responsables statutaires de l'Entreprise et de la personne ayant qualité pour engager l'entreprise[2], à l'occasion du contrat.

Nom :_____ -Prénoms : _____

Nationalité : _____ -Date et lieu de naissance:_____

09- Existe-t-il des privilèges et nantissements inscrits à l'encontre de l'Entreprise au greffe du tribunal, section commerciale ? : NON.

10- L'Entreprise est-elle en état de liquidation ou de règlement judiciaire ? : NON.

11- Le déclarant a-t-il été condamné en application de la loi 08/12 du 25.06.08 modifiant et complétant l'ordonnance 03/03 du 19/07/2003, relative à la concurrence et la loi n° 04/02 du 23/06/2004 relative aux pratiques commerciales : NON.

Dans l'affirmative

a-Date du jugement déclaratif de liquidation judiciaire ou de règlement judiciaire

b-Dans quelles conditions, l'Entreprise est-elle autorisée à poursuivre ses activités ?

c-Indiquer le nom et l'adresse du liquidateur ou de l'administrateur au règlement judiciaire.

12- Le déclarant atteste que l'Entreprise n'est pas en faillite.

13- Nom, prénoms, date et lieu de naissance et nationalité du signataire.

a)Nom :_____-Prénoms : _____

b)Nationalité : _____-Date et lieu de naissance:_____

14- J'affirme sous peine de résiliation de plein droit du contrat ou de sa mise en régie[3] aux torts exclusifs de l'entreprise, que ladite société ne tombe pas sous le coup des interdictions édictées par la réglementation en vigueur.

15- Je certifie sous peine de l'application des sanctions prévues par l'article 216 de l'ordonnance N° 66 / 156 du 08 / 06 / 1966, portant code pénal, que les renseignements ci-dessus fournis sont exacts.

Fait à : ORAN. Le : _____

Nom, qualité du signataire et cachet de l'entreprise

_____

报名声明

本声明编写法律依据：2010 年 10 月 7 日第 N° 10/236 总统令颁布的关于政府采购规则第 51 条的有关规定。

01- 公司名称：＿＿＿＿＿＿＿＿＿＿＿＿＿

02- 公司总部地址：＿＿＿＿＿＿＿＿＿＿

03- 公司性质：＿＿＿＿＿＿＿＿＿＿＿＿

04- 公司注册资本：＿＿＿＿＿＿＿＿＿＿

05- 工商登记号和登记日期：＿＿＿＿＿＿

06- 纳税人识别码：＿＿＿＿＿＿＿＿＿＿

07- 合同标的施工所在省份：＿＿＿＿＿＿

08- 承包方法定负责人或承包方授权签约人的姓名、国籍、出生地和日期。

　a) 姓：＿＿＿＿＿＿ - 名：＿＿＿＿＿＿＿

　b) 国籍：＿＿＿＿＿ - 出生地和日期：＿＿＿＿

09- 在法院商务庭，承包方是否存在抵押和需优先偿还债务？：否。

10- 承包方是否处于清算期或破产保护期？否。

11- 声明人是否曾经受到过 08/12《竞争法》（2003 年 7 月 19 日经 03/03 号法令颁布并且已于 2008 年 6 月 25 日修订）和 04/02《商业惯例法》（2004 年 6 月 23 日颁布）的处罚？否。

如答案为"是"：

a- 清算或破产保护裁决的日期

b- 承包方继续经营需具备什么条件？

c- 注明清算执行单位或破产保护程序管理部门的名称和地址。

12- 声明人证明承包商没有破产。

13- 签署人姓名、出生地和日期、国籍。

　a) 姓：＿＿＿＿＿＿ - 名：＿＿＿＿＿＿＿

　b) 国籍：＿＿＿＿＿ - 出生地和日期：＿＿＿＿

14- 本人确认，本公司将遵循现行法律法规的规定，否则，本公司将承担全责，并接受彻底解除政府采购合同或托管的处罚。

15- 本人证明以上声明准确无误，否则，将接受按 1966 年 06 月 08 日第 66-156 号法令第 216 条所规定的刑事处罚。

声明地点：奥兰。日期：＿＿＿＿＿

签字人姓名、职务和承包方公章

＿＿＿＿＿＿＿＿＿＿＿＿

1. Raison sociale:"公司名称"的正式表达法。

2. Engager l'entreprise: 代表公司签约。

3. La mise en régie: 托管。这里指将合同交给第三方的执行。

SOUMISSION

Etablie en application des dispositions de l'article 51 du décret présidentiel N° 10/236 de la 07/10/2010 portante réglementation des marchés publics.

Je soussigné (Nom et Prénom) : _____

Qualité : _____

Demeurant au : _____

Adresse en Algérie : _____

Agissant au nom et pour le compte de : _____

Inscrit au registre de commerce sous le N° : _____

Numéro d'Identification Fiscal : _____

Après avoir pris connaissance des pièces du contrat et après avoir apprécié à mon point de vue et sous ma responsabilité, la nature et la difficulté des prestations à exécuter la :Réalisation des travaux d'enduit extérieure et intérieure d'un immeuble en R+8 avec deux sous-sols à Bélair, Oran.

Remets, revêtus de ma signature, un bordereau des prix unitaires et un détail estimatif établis conformément au cadre figurant au dossier du contrat.

Je soumets et m'engage envers la SARL IMMO–Concept société de promotion immobilière à exécuter les prestations, objet du présent contrat, conformément aux conditions du Cahier des Prescriptions Spéciales[1] et moyennant la somme toutes taxes comprises de :

En chiffres : _____ **DA**[2].

En lettres : _____ **dinars en TTC.**[3]

Et dans un délai de : Deux (02) mois.

Le Maître de l'Ouvrage se libérera des sommes dues par lui, en faisant crédit au compte

Ouvert au nom de : _____

Numéro de compte Bancaire : _____

Banque : _____

J'affirme, sous peine de résiliation de plein droit du présent contrat ou de sa mise en régie, aux torts exclusifs de l'entreprise, que ladite entreprise ne tombe pas sous le coup des interdictions édictées par la réglementation en vigueur et les dispositions de l'ordonnance N° 03-03 du 19-07-2003 et la loi N° 04/02 du 23/06/2004 relative aux pratiques commerciales.

Fait à : ORAN.   Le : _____

Nom, qualité du signataire et cachet de l'entreprise

_____

投标书

根据 2010 年 10 月 7 日关于政府采购规则的第 N° 10/236 总统令第 51 条的规定，特编写本投标书。

本人（姓和名）：＿＿＿＿＿＿＿＿＿＿＿＿＿＿＿

职务：＿＿＿＿＿＿＿＿＿＿＿＿＿＿＿＿＿＿

住址：＿＿＿＿＿＿＿＿＿＿＿＿＿＿＿＿＿

在阿尔及利亚地址：＿＿＿＿＿＿＿＿＿＿＿＿

代表：＿＿＿＿＿＿＿＿＿＿＿＿＿＿＿＿＿

工商注册号：＿＿＿＿＿＿＿＿＿＿＿＿＿＿

纳税识别码：＿＿＿＿＿＿＿＿＿＿＿＿＿＿

本人已经熟知合同文件，在按自己观点和以自我负责的态度评估了"奥兰贝莱尔地下两层地上九层建筑室内外抹灰工程施工"项目的类型和施工难度后，本人依照合同文件规定的范围，在此签字并提交了一份价目清单和一份工程概算。

我在此投标，并向 .... 房地产开发公司承诺将按照《特别招标细则》的条款进行合同标的的施工，且收取税后金额：

小写： ＿＿＿＿＿＿＿＿＿＿＿第纳尔（税后）

大写： ＿＿＿＿＿＿＿＿＿＿＿第纳尔（税后）

工期：两个（2）月

建设方将应付款汇入以下账户：

户名：＿＿＿＿＿＿＿＿＿＿＿＿＿＿＿＿＿

银行账号：＿＿＿＿＿＿＿＿＿＿＿＿＿＿

银行名称：＿＿＿＿＿＿＿＿＿＿＿＿＿＿

本人确认本公司不存在现行法律以及 03/03 号法令（2003 年 7 月 19 日经颁布 08/12《竞争法》）和 04/02 号《商业惯例法》（2004 年 6 月 23 日颁布）所规定的被禁止事项，否则，接受合法解除合同或者托管合同的处罚，并且由承包方承担全部损失。

签于：奥兰。日期：＿＿＿＿＿＿＿＿＿

签字人姓名、职务和承包方公章

＿＿＿＿＿＿＿＿＿＿＿＿＿

1. 原文是大写，系特指，所以加书名号。

2. DA：dinar algérien。货币单位，阿尔及利亚第纳尔。

3. TTC：toutes taxes comprises。税后。

CHAPITRE I INDICATIONS GENERALES ET DESCRIPTIONS DES OUVRAGES

Article I.01 Objet du contrat

Le présent contrat a pour objet de définir les prescriptions relatives à la :

Réalisation des travaux d'enduit extérieure et intérieure d'un Immeuble en R+8 avec deux sous-sols, sis 16 rue Bengoussa Benothmane Hai Tafna Bélair Oran

Après avoir pris connaissance du projet et autres pièces contenues dans le dossier et s'être rendu compte de la situation des lieux, l'entreprise se soumets et s'engage à exécuter les dits travaux conformément aux conditions des données du projet et normes en vigueur et moyennant les prix unitaires établis par elle pour chaque unité d'ouvrage décrit dans le bordereau qu'elle a fixé après avoir apprécié à son point de vue et sous sa responsabilité la nature et la difficulté des travaux.

Article I.02 Procédure de passation du contrat

Le présent contrat est passé selon la procédure de gré à gré.

Article I.03 Identification précise des parties contractantes

Le présent contrat est conclu entre :

La _____ désigné par le terme « Maître de l'Ouvrage ».

Et l'entreprise de réalisation _____. désigné par le terme « Entreprise ».

Article I.04 Identité et qualité des personnes dûment habilitées à signer le contrat

Contractant : Monsieur _____, co-gérant de la _____. Désigné par l'expression « LE MAÎTRE DE L'OUVRAGE ».

Cocontractant : Monsieur _____. Désigné par l'expression « ENTREPRENEUR OU ENTREPRISE ».

Article I.05 Consistance des travaux

- Les prestations des travaux et fourniture, objet du présent contrat sont clairement définies par l'ensemble des pièces écrites et graphiques, et en particulier le devis descriptif[1] et le devis quantitatif et estimatif[2], ainsi que les plans auxquels l'entreprise est tenue de se conformer strictement dans l'esprit et dans la lettre[3].
- Les pièces et ouvrages devront être conformes à l'usage auquel ils sont destinés, de sorte que leur service ne fasse aucun doute.
- Les prestations éventuellement réalisées par l'entrepreneur de son propre gré et s'écartant du contrat ne pourront donner lieu à aucune rétribution.
- Les frais concernant la suppression ou la transformation d'ouvrage s'écartant du contrat ou ne faisant pas l'objet d'une commande par le maître d'ouvrage sont entièrement à la charge de l'Entrepreneur.
- Les frais concernant la démolition et ou la reprise d'éléments suite à des réserves émises par le maître d'œuvre ou par le CTC[4] Ouest sont entièrement à la charge de l'entreprise.

第一章 工程概述

1.01 条 合同标的

本合同旨在确定下属工程的要求：

奥兰贝莱尔地下两层地上九层建筑室内外抹灰工程施工

经对项目和其它相关文件的了解，并在知晓施工地点状况后，承包方投标并承诺依照项目资料的条件和现行标准执行上述工程，且按照其自己编制的单价表中的每项工程的单价收款，该表单是其以自己的观点和自我负责的态度在审查了工程的类型和难度后编制的。

1.02 签约程序

本合同采取自愿平等协商的方式签约。

1.03 签约各方

本合同由 ＿＿＿＿＿＿＿ 公司(, 简称"建设方")与"施工企业 ＿＿＿＿＿＿＿ 公司(, 简称"承包方")之间签订。

1.04 授权签约人的身份和职务

签约人：＿＿＿＿＿＿＿＿＿＿ 先生，"建设方"指定的 ＿＿＿＿＿＿＿＿＿＿＿ 公司共同管理人。

签约人：＿＿＿＿＿＿＿＿＿ 先生，"承包方或承包企业"指定的代表。

1.05 工程质量

- 本合同标的所指的工程施工和材料供应，均明确载入所有的书面和图纸文件中，尤其是工程说明书和工程概算书以及图纸中。承包方必须严格遵守前述文件。
- 文件资料应符合其本来的用途，不会在使用中造成疑惑。
- 承包方自愿进行施工，如果背离了合同要求，将不会获得报酬。
- 因为背离合同或者非建设方委托而取消或者变更的工程所产生的费用全部由承包方承担。
- 因设计监理方或西部建筑技术监管中心检查不合格，而进行的拆除和部分返工所产生的费用均由承包方承担。

1. Le devis descriptif: 工程说明书。

2. Le devis quantitatif et estimatif: 工程概算书。

3. dans l'esprit et dans la lettre: 法规用语，表示"不折不扣地"。

4. CTC: Le contrôle technique de la construction: 建筑监理公司。

CHAPITRE II MODE D'EXECUTION DES TRAVAUX

Article II.01 Prescriptions générales

Tous les travaux compris dans le présent contrat ou ordonnés en cours de réalisation seront exécutés suivant les normes techniques en vigueur conformément aux descriptifs, à la série des documents graphiques et autres pièces contractuelles ainsi qu'aux « D.T.U »[1] et « D.T.R »[2].

Les matériaux employés devront être des matériaux de première qualité et devront répondre à toutes les conditions exigées par le cahier des prescriptions communes et par les dispositions spéciales du cahier des charges générales.

L'entreprise devra avant d'entamer les travaux d'enduit intérieur ou extérieur réaliser des échantillons au maître de l'œuvre. Ce dernier établira un PV[3] pour accepter ou refusé les échantillons. Dans tous les cas l'entreprise ne peut entamer les travaux qu'apprêt approbation écrite du maître de l'œuvre.

Article II.02 Avenants

L'avenant constitue un document contractuel accessoire au contrat qui, dans tous les cas, est conclu lorsqu'il a pour objet l'augmentation ou la diminution des prestations et/ou la modification d'une ou plusieurs clauses contractuelles du contrat initial. En tout état de cause un avenant ne peut modifier de façon substantielle l'objet du contrat.

Article II.03 Travaux supplémentaires et imprévus

L'Entreprise ne doit en aucun cas entreprendre les travaux supplémentaires ou imprévus, sans l'accord préalable du Maître de l'ouvrage et accord écrit du maître d'œuvre. Ces travaux doivent, dans tous les cas d'espèce, faire l'objet d'un ordre de service dûment signé par le Maître de l'Ouvrage et maître d'œuvre.

Article II.04 Dessins d'exécution

L'Entreprise ne pourra commencer aucun ouvrage avant les dessins d'exécutions techniques de normalisations dûment approuvés. L'Entreprise devra signaler par écrit au maître de l'œuvre avec copie au maître de l'ouvrage avant l'exécution des travaux, toutes les erreurs ou non concordances entre les plans. Dans le cas où ces dispositions ne seraient pas respectées, sa responsabilité ne saurait être dégagée.

Article II.05 Mesures d'ordre et de sécurité

L'Entreprise devra obtenir, préalablement à tout commencement d'exécution, les autorisations administratives nécessaires qui devront être produites en temps voulu.

Leur conservation incombe à l'Entreprise. Elle devra prendre toutes mesures d'ordre, de sécurité et de précautions propres à prévenir les dommages et accidents tant sur les chantiers que sur les propriétés avoisinantes et/ou sur la voie publique.

第二章 施工方式

2.01 总体要求

本合同的所有工程或在施工过程中追加的工程需按照现行的技术标准完成，同时还须符合相关说明、所有图纸资料和其它合同文件、以及《建筑统一技术规范》和《建筑技术规范》。

所使用的材料须为头等质量，并能符合通用要求手册和通用招标细则特别条款所规定的条件。

承包方，在开始室内外抹灰前，须向设计监理方做施工试样。后者将出具书面通知，明确表示同意或不同意该试样。在任何情况下，承包方都只能在获得设计监理方的书面同意后，才能开始施工。

2.02 补充条款

补充条款是合同的附属契约文件，每当增减工程量或修改原始合同的条款时，都需签订补充条款。无论何种原因，补充条款都不能对合同标的进行大幅度修改。

2.03 追加工程和不可预料工程

未获建设方事前同意和设计监理方书面同意，承包方均不得实施追加工程和不可预料工程。这类工程，无论其属于何种情况，都需通过建设方和设计监理方正式签字的工程单确认。

2.04 施工图纸

在标准施工图正式批准前，承包方不得开始施工。如有任何图纸的错误或图纸之间不统一的情况，承包方应在开工前书面通知设计监理方，并抄送建设方。如承包方未遵守本条款的规定，其责任将不得免除。

2.05 安全措施和秩序管理

承包方应在施工前获得所需的行政许可，且应在合适的时候提前办好。承包方应当在施工前适当的时候提前办理好必要的行政许可手续。

承包方负责保卫工作。承包方应在工地和附近区域以及公共通道上，采取必要的秩序管理和安全预防措施，以避免损害和事故发生。

1. DTU：*Document Technique Unifié*，《建筑统一技术规范》，法国编制的建筑标准之一。

2. DTR：*Document Technique Réglementaire*，《建筑技术规范》，法国编制的建筑标准之一。

3. PV：procès-verbal，书面通知。

Article II.06 Organisation du chantier

a) – Installation :

A part la mise à disposition des gros œuvres du projet et l'obtention du permis de construire, toutes les diligences nécessaires à l'organisation du chantier incombent à l'entreprise.

L'Entrepreneur a à sa charge l'établissement de routes et chemins de service, tous les moyens d'accès et de circulation établie pour le ou les besoins de son chantier peuvent être utilisés gratuitement par le maître d'ouvrage, ou pour l'exécution des travaux de régie par d'autres entrepreneurs concourant à la réalisation des ouvrages sur le même chantier.

L'Entrepreneur doit également :

- L'entreprise aura réglé toutes les factures d'eau et d'électricité à la fin de ces travaux pour la période de sa présence sur chantier, faute de quoi le maître d'ouvrage pourra déduire le montant de ces factures de la retenue de garantie de l'entreprise.
- Se conformer aux dispositions légales et réglementaires relatives à l'hygiène et à la sécurité des ouvriers dans la mesure où des dispositions intéressent plusieurs entreprises.
- Installer et entretenir les bureaux de chantier qui sont nécessaires au Maître d'œuvre et au Maître d'Ouvrage.
- Assurer la clôture, l'éclairage, le nettoyage, l'entretien.
- Si l'occupation des terrains est nécessaire pour déposer des matériaux et autres besoins nécessaire au chantier, la location et la remise en état de ces terrains lui incombent, l'Entrepreneur reste responsable de l'exécution des mesures à prendre en vue de l'application des dispositions qui précèdent jusqu'à l'achèvement complet des travaux à sa charge.
- L'entreprise ne doit en aucun cas bloquer par son échafaudage, ces matériaux ou ces équipements les deux routes qui longent le projet.

b) –Personnel :

L'entrepreneur devra être dûment représenté sur le chantier par un mandataire capable de superviser de manière à ce qu'aucune opération ne puisse être retardée ou suspendue. Ce dernier devra comprendre les instructions du maître de l'œuvre et pouvoir communiquer en français avec le maître de l'œuvre et maître de l'ouvrage.

Par conséquent, il faut entendre qu'un agent muni de pouvoir suffisant pour l'acceptation des attachements[1] et ordres de service[2], pour agir en lieu et place de l'entrepreneur dans toutes les circonstances relatives à l'exécution du contrat.

Article II.07 Nettoyage du chantier

Après achèvement des travaux, l'entrepreneur devra procéder au nettoyage du chantier et de l'environnement immédiat (routes, constructions mitoyennes etc..) et à l'enlèvement de tout matériel, matériaux excédentaires, gravats et toutes installations provisoires.

2.06 现场管理

a) – 设施装备:

除了提供项目主体工程和申办建筑许可证之外, 其余所有现场管理的工作由承包方负责。

承包方自行负责施工道路修建; 所有进出工地设施, 建设方均可免费使用, 而且同一工地的其它施工承包方也可免费使用。

承包方还应该:

- 承包方在工程结束时需支付其在施工期间的水电费, 否则, 建设方将从承包方保证金中扣除。
- 执行有关工人卫生安全的规章, 尤其是与数家承包商相关的条款。
- 搭设和维护准备设计监理方和建设方所需的现场办公室。
- 提供围栏、照明、清洁和维护。
- 如须在工地占用场地堆码材料或其他用途, 需自行负责场地的租用和复原, 承包方需自行负责在工程完工前所需采取的一切设置。
- 在任何情况下, 承包方的脚手架、材料和设备均不得封堵通往项目的两条公路。

b) – 员工:

承包人需正式指定一位工地代表, 负责监督工程施工, 保证施工不延迟、不中断。工地代表能听懂设计监理方的指令, 能够用法语与设计监理方和建设方沟通。

因而, 必须是一位享有充分授权的人员, 能够接受施工日志记录和接收施工单, 能够在执行合同中全面代表承包方。

1. Attachements: 施工日志。

2. ordres de service: 施工单。建设方或其代表给施工方开出的施工指令及其施工方式的要求。

2.07 工地清洁

工程完工后, 承包人应打扫工地和附近场地（公路、共用房屋建筑等）, 清除所有设备、剩余材料、渣土和临时设施。

Le terrain et les ouvrages devront être en bon état de propreté. La réception provisoire pourra être différée si ces conditions ne sont pas remplies.

Le maître de l'ouvrage se réserve le droit de fixer un délai convenable pour nettoyage du chantier. Passé ce délai et, après mise en demeure, il pourra charger d'autres entreprises de nettoyer et de déblayer aux frais de l'entreprise.

Nous comprenons comme chantier la surface de la parcelle ou est placé le bâtiment et non les terrains qu'il y a à côté.

CHAPITRE III MODE D'EVALUATION DES OUVRAGES

Article III.01 Composition des prix unitaires

Les prix unitaires du bordereau constituant pour chaque nature d'ouvrage des prix forfaitaires comprenant les dépenses de matériel, main-d'œuvre, frais généraux[1], bénéfices, charges sociales, charges diverses et toutes sujétions[2]. Toutes les charges qui sont résultantes de l'exécution du marché, y compris les conditions de transport et toutes les dépenses annexées à l'exception de la T.V.A qui est fixée à 07% conformément à la réglementation algérienne, sont prises en compte dans le montant final du contrat. L'entrepreneur ne peut sous aucun prétexte revenir sur les prix qui ont été consentis par lui.

Article III.02 Constatations éventuelles des métrés

Les métrés seront dressés contradictoirement[3] par l'entrepreneur et le maître de l'œuvre et approuvés par le maître de l'ouvrage. Les situations[4] mémoires et décomptes seront produits en trois (03) exemplaires par l'Entrepreneur et transmis au maître de l'ouvrage.

Article III.03 Décomptes partiels (Situation)

Le paiement des travaux s'effectuera par acompte sur la base des situations établies par l'entrepreneur.

Ces dernières seront présentées au Maître de l'œuvre pour vérification en trois (03) exemplaires.

Leurs paiements interviendront au plus tard dix (10) jours après reconnaissance du droit de paiement (05 jours - maître de l'œuvre pour vérification - et 05 jours - Maître d'Ouvrage pour payement).

CHAPITRE IV PRESCRIPTIONS GENERALES

Article IV.01 Définition du contrat

Le présent contrat est au métré, C'est-à-dire que le règlement[5] de ces ouvrages est effectué en appliquant les prix unitaires du bordereau des prix aux quantités réellement exécutées conforment au plan d'exécution remis à l'entreprise.

现场和完工工程应该清洁干净。如果不满足此条件，将推迟临时验收。

建设方有权确定工地清扫的合理期限。一旦超过此期限，且在催告后，建设方可以安排其他企业进行清扫和清运，费用由承包方承担。

工地是指建筑物所在的地块表面，不是其旁边的土地。

第三章　工程作价方式

3.01 单价构成

价单单价为每类工程的包干价，包含材料费、人工费、管理费、利润、社保费、其它开支和附加费。由于履行合同及运输条款而产生的各种费用和附属开支均包含在合同的最终价格中，但不含增值税。按阿尔及利亚的规定，增值税为7%。承包方不得以任何理由对自己同意的价格提出调价要求。

1.frais généraux: 管理费。

2. sujétions: 附加费。由于施工而衍生的费用。

3.02 方量实测

方量测定须由承包方和设计监理方共同进行，并由建设方认可。记录和单项进度报表由承包方做成三份交给建设方。

3. contradictoirement: 当面。指各方都在场的情况下。

4. Les situations: 进度报表。

3.03 支付进度款

工程款采用预付的形式，以承包方开具的进度报表作为依据。

进度报表须呈交三份给设计监理方审查。

付款期限为确权后十天内（设计监理方审查期5天，建设方付款期5天）。

第四章　普通条款

4.01 合同定义

本合同按方量计价，即按照交给承包方的施工图纸施工，其实际完成量和执行价单单价进行工程结算。

5. le règlement: 结算。

Article IV.02 Délais d'exécution

L'Entrepreneur est tenu d'exécuter les travaux dans un délai de DEUX (02) MOIS, vendredi et jours fériés compris. Le point de départ des délais contractuel est fixé par ordre écrit (ODS) remis à l'entreprise. Dans un délai n'excédant pas Sept (07) jours à partir de la date de la signature de « l'Ordre de service » prescrivant le commencement des travaux, l'entrepreneur doit voir entamé les travaux objet du contrat.

En tout état de cause, la responsabilité de l'entrepreneur et son engagement sont effectifs jusqu'à l'achèvement total des travaux qui lui sont confiés.

Par conséquent les problèmes d'approvisionnement ne peuvent en aucun cas justifier des retards sur la planification.

Article IV.03 Pénalité de retard

En cas de retard sur les délais d'exécution, l'entrepreneur subira une pénalité de retard, cette pénalité sera déterminée par la formule suivante :

$$P = \frac{M}{7 \times D}$$

P = Pénalité journalière

M = Montant du Marché : augmente le cas échéant du montant de ses avenants

D = Délai contractuel exprimé en jours calendaires

L'Entrepreneur devra respecter le délai fixé à l'Article IV.2 du contrat en fonction des différentes phases d'exécution dont le planning doit être présenté par l'Entreprise et approuvé par le maître de l'ouvrage et le maître d'œuvre.

En cas de force majeure[1], les délais sont suspendus et les retards ne donnent pas lieu à l'application de pénalité de retard dans les limites fixées par les ordres d'arrêt et de reprise de service pris en considération par le service contractant.

Dans les deux cas, la dispense des pénalités de retard, donne lieu à l'établissement d'un avenant de prolongation de délais.

Faute par l'Entreprise de justifier les dépassements du planning de réalisation en temps opportun, c'est-à-dire au plus tard au moment de la présentation de chaque situation de travaux réalisée hors délai contractuel, la retenue de ces pénalités se ferait de plein droit par le maître de l'ouvrage et tout recours[2] de l'entreprise sera fort clos pour les retenues déjà opérées ainsi que pour les retenues opérées précédemment.

Article IV.04 Ordre de service

L'Ordre de service prescrivant de commencer les travaux, sera délivré par le maître de l'œuvre, de même que les ordres prescrivant le cas échéant des modifications aux travaux.

4.02 施工期限

承包方须在两个月的期限内完成施工，周五和节假日在内。合同规定的施工期限起始日期以交给承包方的书面施工单所确定的日期为准。从签发要求开工的《施工单》之日起算，七日内承包方必须启动合同标的的工程。

无论发生什么情况，承包方都需对承接的工程承担责任和履行承诺，直到工程全部竣工。

因而，材料供应问题不能作为进度延期的理由。

4.03 超期罚款

如发生超过施工期限的情况，承包方将承担延期罚款，处罚按以下公式计算：

$$P = \frac{M}{7 \times D}$$

P = 每天罚款额

M = 合同金额：加上补充条款的金额

D = 按日历计算的合同期限

承包方应当按照施工进度阶段计划，遵守合同 4.02 款所规定的工期，且承包方应提交施工计划，报建设方和设计监理方审批。

如遇不可抗力，工期停止计算，施工延期不承担延期罚款，但须在合同签订部门认可的《停工通知》和《复工通知》所确定的范围内。

以上两种情况，都需签订延长工期的补充条款，才可免除超期罚款。

因承包方未及时证明施工超期理由，即在每次提供超期施工进度表之前，建设方将扣取罚款。承包方不得追索已执行罚款和前期执行罚款。

1. force majeure: 不可抗力。即自然灾害或战争等非人力可以控制的影响合同执行的情况。

2. recours: 申诉，上诉。

4.04 施工单

要求开工的施工单由设计监理方发出，必要时，施工单用于工程变更。

Article IV.05 Domicile de l'Entrepreneur

Conformément au document administratif transmis par l'entreprise, le domicile de l'entreprise en Algérie est le : _____

Toutes les notifications du contrat lui seront valablement faites à cette adresse.

En cas de changement d'adresse l'entreprise est tenue d'avise le maître de l'ouvrage dans un délai de sept (07) jours.

Article IV.06 Montant du contrat

Le montant des travaux faisant l'objet du présent contrat est arrêté à la somme, toutes taxes comprises, de :

En chiffre : _____ DA TTC.

En lettre : _____ dinars en TTC.

Toute autre taxe est à la charge de l'entreprise.

Article IV.07 Domiciliation bancaire

Le maître de l'ouvrage se libérera des sommes dues par lui en faisant donner crédit au compte bancaire au nom de : _____

Numéro de compte Bancaire : _____

Article IV.08 Payement des travaux

Le payement des travaux sera effectué par solde provisoire[1] d'après les situations mensuelles établies par l'entreprise, vérifiées et arrêtées par le maître de l'œuvre et approuvées par le maître de l'ouvrage. Les modalités d'établissements des situations sont précisées à l'article IV.04.

Article IV.09 Les avances

Il sera accordé à l'entrepreneur une avance forfaitaire de :

En chiffre : 2 000 000,00 DA TTC.

En lettre : Deux millions de dinars en TTC.

Cette avance devra faire l'objet d'une situation d'avance, elle sera octroyée à l'entreprise une fois tout l'échafaudage extérieure pour réaliser les enduits extérieurs sera totalement achevée.

Le remboursement de cette avance commence dès la première situation de payement et doit être terminé lorsque le montant des paiements atteindra quatre-vingt pour cent (80%) du montant du contrat.

Le taux de remboursement des avances sera calculé comme suit :

$$\text{TAUX (remboursement)} = \frac{\text{Montant des travaux cumulé en HT}^2 \text{ (avant retenu de garantie)}}{\text{Montant du contrat en HT} \times 0{,}80}$$

4.05 承包方地址

按照承包方提供的行政文件，承包方在阿尔及利亚的地址为：_____。

所有与合同有关的通知将正式发送到该地址。

如果地址变更，承包方应在七天内通知建设方。

4.06 合同金额

构成本合同标的之工程税后金额为：

小写：_____阿尔及利亚第纳尔（税后）。
大写：_____第纳尔（税后）。
所有其它税均由承包方承担。

4.07 开户行

建设方将应付款汇入以下银行账户：
银行账号：_____
银行名称：_____

4.08 工程付款

工程付款采用暂时结存的形式，根据承包方提交的月进度表计算，该进度表须经设计监理方审定和建设方批准。第4.04 款注明了进度表填报方式。

1. solde provisoire: 暂记结存。即按施工进度计算应付进度款，当期结存金额，即为应付金额。而不是按照工程竣工后的决算付款。

4.09 预付款

将付给承包方一笔包干预付金，金额为：

小写：2 000 000.00 阿尔及利亚第纳尔（税后）

大写：贰百万第纳尔（税后）

该预付金将根据工程进度付出，只能在室外抹灰的脚手架搭建完工后才支付。

预付金从支付第一笔进度款时开始扣还，在达到合同金额 80% 时，偿还完毕。

预付金偿还比例按如下公式计算：

$$（偿还）比例 = \frac{累计完成工程金额（税前）（扣除保证金前）}{合同金额（税前）\times 0.80}$$

2. HT: hors taxe，税前。

Article IV.10 Garantie

IV.10.1 / Retenue de garanties.

Il sera procédé sur chaque situation de paiement présentée par l'entrepreneur à une retenue de garantie de cinq pour cent (05 %) du montant contractuel libérable à la réception définitive sans réserves.

IV.10.2 Délai de garantie

Le délai de garantie de bonne exécution est fixé à trois (03) mois à dater du procès-verbal de réception provisoire sans réserves.

L'entrepreneur garantit que les travaux réalisés dans le cadre du contrat ne comportent aucun vice technique et répondent aux règles de l'art[1].

Pendant la durée de garantie, l'entrepreneur reprendra à ses frais toutes les malfaçons[2] non conformes.

Article IV.11 Révision et actualisation des prix

Le présent contrat est à prix fermé, nonrévisables et nonactualisables.

Article IV.12 Assurances

En application de l'ordonnance 95-07 du 25/01/95 relative aux assurances, l'entreprise est tenu de justifier qu'il a contracté toutes les assurances prévues aux textes réglementaires en vigueur à la date de commencement des travaux. Ces assurances obligatoires doivent couvrir la valeur totale des travaux à exécuter avec une extension de garantie éventuelle aux travaux et délais supplémentaires qui entrent dans le cadre d'un avenant.

IV.12.1 Assurance responsabilité civile et professionnelle

L'entreprise est tenue de souscrire une police d'assurance couvrant sa responsabilité civile susceptible d'être encourue du fait de l'exécution des travaux du présent contrat, qui prend effet de l'ouverture du chantier jusqu'à la réception définitive sans réserves.

Une extension de garantie aux travaux et délais supplémentaires entrant dans le cadre d'un avenant sera éventuellement exigée de l'entreprise.

IV.12.2 Présentation des polices

a) L'entreprise est tenue d'adresser au maître de l'ouvrage et ou au maître de l'œuvre avant tout commencement d'exécution des travaux, la photocopie des polices d'assurances contractées pour la couverture des risques énumérés ci-dessus. Elles devront toutes comporter une clause interdisant leur résiliation, sans un avis préalable de la compagnie d'assurance au maître de l'ouvrage. Ces polices devront être prises auprès d'une même compagnie d'assurance. Le maître de l'ouvrage pourra refuser toute police qui ne lui conviendra pas, en donnant les raisons motivées de son refus.

4.10 质保保金
4.10.1 质保金的扣留

质保金扣留比例为合同金额的百分之五（5%），在每次支付进度款时扣除。进度表由承包方提交。质保金在最终验收合格时归还。

4.10.2 质保金的期限

施工质保金的期限为三个月，从出具临时验收合格通知书之日起算。

承包方保证按合同所施工工程无任何瑕疵并符合工艺规范。

在质保期间，承包方须承担不合格工程返工的一切费用。

1. règles de l'art: 工艺规范。

2. malfaçons:（建筑工程的）缺陷、不合格。

4.11 价格的调整

本合同为固定价格，不能调价。

4.12 保险

承包方需执行 1995 年 1 月 25 日的 95-07 命令，需购买现行法规规定的保险，并在开工之日，需出示所购保险。该强制保险应覆盖施工工程项目整体价值，也需覆盖进入补充条款的工程和加长的施工期限。

4.12.1 民事责任险和职业险

承包方应购买一份能覆盖本合同施工期间的民事责任险，该保险从开工之日生效，直到最终验收合格时终止。

保险还可能扩展到进入补充条款的工程和加长的施工期限。

4.12.2 提交保险

a) 承包方应在工程施工开始前，向建设方和设计监理方提供上述需购保险单复印件。该保险应包含这样的条款：保险公司在事先未通知建设方的情况下，该保险不能撤销。所有保险均应在同一家保险公司购买。建设方可以拒绝接受他认为不合适的保险，并给出其拒绝的理由。

b) Si l'entreprise ne prend pas toutes les assurances précédemment citées, le maître de l'ouvrage est habilité à souscrire, en ses lieu et place, lesdites assurances dont les primes[1] seraient récupérées, sur les sommes dues par lui a l'entreprise.

c) En cas de suspension de la police d'assurance, les paiements d'acomptes[2] à l'entrepreneur seront différés et ne sont repris qu'après levée de la suspension de la police. Dans tous les cas, ou après commencement d'exécution, si l'entrepreneur ne satisfait pas à ses obligations relatives à l'assurance obligatoire, le maître de l'ouvrage peut, après mise en demeure restée sans effet, ordonner le paiement des primes dues par l'entrepreneur et à ses frais, les sommes correspondantes seront déduites des sommes dues à l'entrepreneur et en cas d'insuffisance prélevée sur son cautionnement.

d) L'entreprise, le bureau d'études et le contrôle technique (CTC Ouest) devront souscrire ces assurances auprès du même assureur, conformément à l'article 179 de l'ordonnance 95/07 du 25/01/1995 relatives aux assurances.

Article IV.13 Résiliation

En cas de résiliation à l'amiable, le décompte global définitif[3] (D.G.D[4]) sera déterminé selon des attachements et le mode de facturation prévu.

En cas de résiliation aux torts exclusifs de l'entreprise, un nouveau contrat sera engagé avec une autre entreprise, la différence entre les deux contrats en plus-value sera entièrement à la charge de la première entreprise dans la limite de 10% du montant du contrat.

Outre la résiliation unilatérale, en cas de résiliation d'un commun accord, le document de résiliation signé par les deux parties, doit prévoir :
• Réédition des comptes établis en fonction des travaux exécutés et restant à effectuer.
• La mise en œuvre de l'ensemble des clauses du contrat

Le contrat peut être résilié de plein droit par le maître de l'ouvrage, sans aucune formalité juridique dans les cas suivants :
• Sous-traitance ou cession totale ou partielle du contrat sans autorisée écrite du maître de l'ouvrage.
• Apport[5] du contrat à une Société.
• Faillite ou liquidation[6] judiciaire de l'entreprise.
• Décès du gérant ou représentant légal de l'entrepreneur. Le maître de l'ouvrage se réserve le droit d'accepter ou de refuser les offres de continuation des travaux qui pourraient être faites par les créanciers[7] ou les ayant droits[8] de l'entreprise.
• Au cas où après signature du contrat ou ordre de service de démarrage de travaux, il serait constaté que l'entreprise n'a pas fourni les assurances demandées et se révélerait dans l'impossibilité de les fournir.
• Lorsque l'entrepreneur ne se conforme pas soit au contrat, soit aux ordres qui lui sont donnés par lettre recommandée avec accusé de réception par le maître de l'œuvre, le maître de l'ouvrage pourra le mettre en demeure d'y satisfaire dans un délai déterminé. Ce délai, sauf cas d'urgence, ne serait pas inférieur à Huit (08) jours, à dater de cette notification. Passé ce délai, si l'entreprise n'a pas satisfait aux dispositions prescrites,

b) 如果承包方未购买上述保险，建设方有权替其购买前述保险，且保险费从应付给承包方的款项中扣回。

c) 如果保险中止，将延期支付承包方工程进度款，而且只有在保险中止消除后，才能支付进度款。无论何种情况，或是建筑施工开始后，如果承包方没有满足强制保险要求，建设方在催告无效后，可以命令支付承包方所欠保险金，且由承包方承担费用，如果其质保金不够扣除，相应款项从应付给承包方款项中扣。

d) 根据1995年1月25日第95-07命令第179条之规定，承包方、建筑设计事务所和建筑工程监理（西部建筑技术监管中心）应该在同一家保险公司购买保险。

4.13 合同解除

若通过友好协商解除合同，则按照施工日志和规定的结算方式进行总决算。

如因承包方单方面原因解除合同，将与另外的承包商签订新合同，新合同金额超出原合同部分由前一家承包商承担，但不得超过合同金额的10%。

除了单方面解除合同，如是双方同意解除合同，解除文件应由双方签字，且文件中要规定：
- 根据已完工工程和剩余工程重做盘点帐。
- 执行合同的所有条款。

在下列情况下，建设方有权解除合同，而无需任何法律程序：
- 未经建设方书面同意的情况下，合同的分包，合同的全部或部分转让。
- 带合同入股某公司。
- 承包方倒闭或清算。
- 承包方管理人或法定代表人死亡。建设方有权决定是否接受债权人或承包企业的所有人继续施工的要求。
- 在签订合同或签发开工单后，如发现承包方没有提供规定的保险并且也无法提供的情况。
- 如承包方未遵守建设方通过带回执挂号信寄送的合同、施工单，建设方可以催促其在规定期限达到要求。除紧急情况，该期限从通知之日起算不得低于8天。超过期限，如

1. les primes: 保险费。按保险合同支付给保险公司的费用。

2. acomptes: 预付款。未决算前，按照工程进度支付的部分款项。

3. le décompte global définitif: 总决算。对施工工程总价值的计算。

4. D.G.D: le décompte global définitif, 总决算。

5. Apport: 投资入股。缴纳资本金，成为公司的合伙人。

6. liquidation: 清算。企业拍卖资产用于清偿债务。

7. les créanciers: 债权人。

8. les ayant droits: 权力所有人。

le contrat pourra être résilié de plein droit, sans aucune formalité juridique sur simple dénonciation[1] écrite du maître de l'œuvre, par lettre recommandée avec accusé de réception.

- Tout retard injustifié de plus de trente (30) jours, sur le délai contractuel peut également entraîner de plein droit et sans qu'il soit nécessaire d'une mise en demeure ou formalité juridique, la résiliation du contrat par le maître de l'ouvrage sur simple dénonciation écrite du maître de l'œuvre.

Dans le cas de résiliation prévue ci-dessus, les dispositions suivantes sont appliquées :

- Les pénalités de retard sont décomptées, jusqu'à la date de passation du nouveau contrat ou au mieux jusqu'à la date de résiliation.

Article IV.14 Contestation et litige

Les litiges nés à l'occasion de l'exécution du présent contrat sont réglés dans le cadre des dispositions législatives et réglementaires en vigueur.

Sans préjudice de l'application de ces dispositions, le maître de l'ouvrage doit néanmoins rechercher une solution amiable aux litiges nés de l'exécution du contrat chaque fois que cette solution permet :

- De retrouver un équilibre des charges incombant à chacune des parties.
- D'aboutir à une réalisation plus rapide de l'objet du contrat.
- D'obtenir un règlement définitif plus rapide et moins onéreux.
- En cas d'accord des deux parties, celui-ci fera l'objet d'une décision du maître d'ouvrage.

Si une solution n'est pas trouvée à l'amiable, alors le tribunal d'ORAN sera seul compétent pour statuer.

Article IV.15 Cas de force majeure

S'il survient un cas de force majeure qui est un événement irrésistible, imprévisible et indépendant du contrôle et de la partie qui l'invoque, l'entrepreneur est tenu d'informer le maître de l'ouvrage par lettre recommandée dans un délai qui n'excède pas quinze (15) jours.

1/ Seront considérés comme cas de force majeure :

a-Explosion ou impact de mines, bombes, grenades ou tout autre explosif, contamination.

b-Flots, tremblement de terre, circonstances atmosphériques anormales et autres événements de nature anormale.

c-Et tous les cas de force majeure habituellement reconnus.

d-Manifestations ou mouvements de foule qui empêche le déroulement normal des travaux.

2/ Les parties doivent signaler entre elles par écrit, l'intervention du cas de force majeure dans les sept (07) jours qui suivent la constatation de l'événement.

3/ Quand une situation de force majeure aura existé pendant une période de six (06) mois ou plus, chaque partie aura le droit de résilier le contrat par une notification écrite à l'autre partie.

果承包方尚未达到要求，将解除合同，且无需任何法律程序，只需设计监理方通过带回执挂号信寄送的合同解除通知。

- 任何超出合同期限、无理由延迟 30 天以上的情况，建设方也可解除合同，且无需催告，也无需任何法律程序，只需设计监理方的书面合同解除通知。

在上述解除合同情况中，需执行以下条款：

- 支付延迟罚款，直到签订新的合同之日，或最好直到合同解除之日。

4.14 争执和分歧

履行本合同所产生的分歧在现行法律法规框架内解决。

在不影响这些条款执行的情况下，对于执行合同中所产生的分歧，建设方应寻求友好解决办法，如果这个办法能够：

- 找到各方应承担费用的平衡。
- 更快实现合同标的。
- 更快更节省地最终解决问题。
- 如双方达成一致，报建设方作出决定。

如果未能找到友好解决的办法，奥兰法院是唯一有管辖权的法院。

4.15 不可抗力

不可抗力是指当事人不可抗拒、无法预料和不能控制的事件，如果发生，承包方应在不超过 15 天的期限内用挂号信通知建设方。

1/ 下列情形被视为不可抗力：

 a- 地雷、炸弹、手榴弹或其它爆炸物的爆炸或影响，传染病。

 b- 洪水、地震、异常大气环境和其它异常自然现象。

 c- 公认的不可抗力情况。

 d- 阻止正常施工的示威游行或人流活动。

2/ 各方应在确认事发后 7 天内书面告知不可抗力情况的发生。

3/ 如果不可抗力情况持续 6 个月或以上，各方均有权解除合同，只需一方书面通知另一方。

1. dénonciation：（合同）解除通知。Annonce officielle par laquelle on met fin à (un contrat, un traité) la dénonciation d'un traité.

Article IV.16 Conditions de réception des ouvrages (réception provisoire et réception définitive)

IV.16.1 Réception provisoire

Dès que les travaux seront achevés, il sera procédé à la réception provisoire, à la demande expresse[1] de l'entrepreneur par lettre recommandée avec accusé de réception. Il sera établi un procès-verbal par le maître d'œuvre en présence du maître de l'ouvrage et de l'entreprise. En cas d'absence de l'entreprise, il sera fait mention dans le procès-verbal, mais en aucun cas, une absence de l'entreprise ne pourra permettre la contestation des faits mentionnés.

La réception provisoire sous réserves ou partielle peut être prononce si le maître de l'ouvrage le souhaite et, dans ce cas l'entreprise est tenue d'achever les travaux ou de lever les réserves motionnées pour prétendre à une réception provisoire sans réserves. Ce procédé ne diminue en rien la responsabilité de l'entreprise telle que prévue dans la réglementation.

En cas de réserves, malfaçons ou de défaillance grave à l'achèvement des travaux le maître de l'ouvrage peut refuser la réception provisoire et la reporter à une date ultérieure, jusqu'à ce que les réserves soient levées.

La date de réception provisoire sans réserves marque le point de départ de l'année de garantie.

L'Entrepreneur est tenu de remédier à ses frais et risque à tous désordres qui surviendraient ou seraient constatés à l'usage même dans les menus travaux et de faire tous raccords[2] et travaux nécessaires.

IV.16.2 Réception définitive

Cette réception aura donc lieu à l'expiration du délai de garantie sur demande de l'entrepreneur adressée par lettre recommandée au maître de l'ouvrage.

Si après la réception provisoire sans réserves, des travaux de réparation résultant d'omissions dans l'accomplissement des obligations incombant à l'entrepreneur dans l'emploi des matériaux ou de procédés d'exécution non conformes aux dispositions du présent contrat s'avéreraient nécessaires, l'entrepreneur s'engage à y remédier avant la réception définitive. Faute de quoi le maître de l'ouvrage ce réserves le droit de faire faire ces travaux de réparations par une autre entreprise et de déduire le montant de ces travaux de la retenue de garantie.

Article IV.17 Protection de l'environnement

L'entreprise est tenue de se conformer à la législation en matière de protection de l'environnement, notamment à la loi n° 03-10 du 19 Juillet 2003 relative à la protection de l'environnement dans le cadre du développement durable.

En tout état de cause, l'entreprise reste seul responsable sur tous les travaux qui par leurs natures, ont des incidences directes ou indirectes, immédiates ou lointaines sur l'environnement et notamment sur les espèces, les ressources, les milieux et espaces naturels, les équilibres écologiques ainsi que sur le cadre et la qualité de la vie.

4.16 工程验收条件（临时验收和最终验收）

4.16.1 临时验收

一旦工程完工，在承包方以带回执挂号信的形式提出明确要求后，将进行临时验收。在建设方和承包方在场的情况下，由设计监理方开立验收记录。如承包方缺席，将在记录中注明，但不能因为其缺席，而对验收结论有异议。

临时验收不合格或部分不合格，建设方可自由决定是否宣布。但在此情况下，承包方应完善工程或消除不合格部分，以达到临时验收合格要求。但这不能减少承包方按规定应承担的责任。

出现不合格、缺陷或严重问题而影响工程竣工，建设方可以拒绝临时验收，并将临时验收延期，直至不合格部分被消除。

临时验收合格日期即为质保年度起点。

承包方应在自己承担费用和风险的情况下，解决在（工程）使用期间和在工程细部发现的问题，并做必要的修补和施工。

4.16.2 最终验收

最终验收在保质期结束后进行，由承包方以挂号信方式向建设方提出申请。

由于承包方的疏漏，在履行合同义务、材料使用或施工方法上有违背合同条款情况，造成临时验收不合格，存在需要整改之处，承包方须在最终验收前完成整改。否则，建设方有权让别的企业进场进行整改，并且从质保金中扣除该部分款项。

4.17 环境保护

承包方应遵守环保的有关法规，尤其是 2003 年 7 月 19 日有关可持续发展框架内环保的第 03-10 号法。

无论何种原因，承包方应对自己的工程负责，承担对环境造成影响的责任，无论是直接的还是间接的，无论是即期的还是远期的，尤其是对生物种类、资源、自然、自然环境和空间、生态平衡，以及对生活环境和生活质量造成的影响。

1. expresse: exprès *adj.* 明确的。

2. raccords: （对粉刷工程）的修补。Légère correction (sur un ouvrage peint).

Article IV.18 Missions suivies, contrôle de l'exécution des travaux et présentation des propositions de règlement

La mission suivies et contrôle de l'exécutions des travaux ainsi que la mission présentation des propositions de règlements seront assuré par un bureau d'études Cabinet d'Architecture _____

L'entreprise devra mettre à la disposition du maître d'œuvre un bureau indépendant au niveau de l'installation de chantier avec chaise et table pour lui permettre d'exécuter sa mission dans de bonne condition.

L'entreprise est tenue de mettre à la disposition du maître de l'œuvre tous les moyens pour que ce dernier puisse accomplir sa mission de suivi dans les meilleures conditions.

Article IV.19 Entrée en vigueur

L'entrée en vigueur du contrat n'interviendra qu'après son approbation par le maître d'ouvrage et sa notification à l'entreprise.

Article IV.20 Date et lieu de Signature

Le présent contrat est signé à ORAN, Le _____

L'ENTREPRISE _____   LE MAÎTRE DE L'OUVRAGE _____

4.18 施工随查、施工监理和提交解决方案

施工随查和施工监理以及提交解决方案将由 _____ 建筑设计事务所负责。

承包方应为设计监理方在工地提供一间单独办公室，并配桌椅，为其工作创造良好的条件。

承包方应为设计监理方提供条件，保证其在良好的条件下完成监理任务。

4.19 生效

合同经建设方批准并通知承包方，即生效。

4.20 合同签字日期和地点

本合同于 _____ 年_____ 月_____ 日在奥兰签定。

承包方_____   建设方_____

Corpus parallèle français-chinois

à pied d'œuvre	现场	agent de démoulage	脱模剂
abattage des arbres	伐树	agent public	公职人员
abord des gargouilles	排水槽入口	agglo	混凝土砖
abri de stockage pour granulats	骨料库	aggraves en losange	菱形钩
accélérateur de prise	速凝剂	agissant au nom de	以⋯⋯名义
accord préalable	事前同意	agrégat	骨料
accumulation de rouille	铁锈堆积	agrégat fin	细骨料
accusé de réception	回执	agrégat léger	轻骨料
achèvement	竣工	agrégat lourd	重骨料
acier inoxydable	不锈钢	agrément	许可
acier laminé	轧钢	air vicié	污浊气流
acompte	预付	aire réservée aux déblais	杂物堆放场
acrotère	女儿墙	ajournement des travaux	工程延期
acte sous signature privée	私署证书	alimentation électrique	供电
activité principale	主营业务	allège	窗肚墙
activité secondaire	副营业务	alliage	合金
actualisable	可调价的	alloti	分标段的
actualisation des prix	调价	altération	风化
additif	附加条款	aluminium coloré	彩铝
adhérence	黏附力	aménagement du terrain	场地打造
adjudicataire	中标人	aménagement extérieur	室外打造
adjudicateur	招标人	amorces poteaux	立柱基脚
adjudication	中标	angle droit	直角
adjuvant d'étanchéité	防水剂	angle rentrant	阴角
administrateur au règlement judiciaire	破产保护程序管理部门	angle saillant	阳角
		année sociale	公司年度
administration compétente	管辖部门	anti condensation	抗冷凝
aération et ventilation	通风换气	appareil luminaire	灯具
affaires d'achat	采购业务	appareil sanitaire	洁具
affaissement de fondation	基础下沉	appareillage de coupure	断路装置
affaissement de surface	地面下沉	appel d'offres	招标
affaissement	塌落度	appel d'offres avec exigences de capacités minimales	最低能力要求招标
affectation	规定用途		
AFNOR （Association française de normalisation)	法国标准化协会	application des normes	适用标准
		apport	出资
âge du béton	混凝土龄期	apport d'isolant	绝缘层（隔绝噪音、湿、热等）
agence immobilière	房介所		

法汉平行语料库

apport du contrat à une société	带合同入股某公司	assurance obligatoire responsabilité décennale	十年责任强制险（工程质量险）
appréciation	评分	assurance responsabilité décennale	十年责任险（工程质量险）
approbation du marché	批准合同	assurance responsabilité civil et professionnelle	民事和职业责任保险
appui de fenêtre	窗台		
apurement	核查	assuré	被保险人
aqueduc	渡槽	assureur	承保人
arases de reprises	重砌基层	attachement	施工日志记录（工作量单）
arbre	轴（机械）		
architecte	建筑设计师	attenant	相连的
architecte d'intérieur	室内装潢设计师	attestation de bonne exécution	履约证明
architecte paysagiste	景观设计师	attique	楼顶建筑物
ardoise	板岩	attribuer le marché	授予合同
arête de toit	屋脊	attributaire	持有人（合同）
argile	粘土	attributaire du marché	中标人
armature	钢筋网	auge	灰浆槽
armoire générale	配电柜	autochargeur	自动装载机
arqué	拱形的	autorisation d'exploitation	经营许可
arrache-clous	起钉器	autorisation écrite	书面许可
arrachement	拉毛	autorisation expresse	明文许可
arrête droite	边角平直	autorité compétente	管辖部门
arrêté interministériel	部际政令	autorité de la chose jugée	既判力
arrosage	洒水	autres sujétions	其他附加费用
arroser énergiquement	用高压水冲洗	aux torts exclusifs de l'entreprise	承包方单方面承担
arroseuse	撒水车		
article	条（款）	aval	担保
aspérité	表面粗糙	avaloir	落水口
asphalte mastic	油灰沥青	avance	预付款
asphalte naturel	天然沥青	avancement des travaux	施工进度
aspiré	缝隙	avant-poteau	立柱基脚
assainissement	排水工程	avant-projet	工程草案
assiette	基坑底	avenants	补充条款
association	粘结	avis d'appel d'offres	招投告示
associé	合伙人	axe	轴线
associé fondateur	合伙创始人	ayant droits	权利所有人
assurance	保险		
assurance obligatoire	强制保险		

bac de stockage pour éprouvettes en béton	混凝土试块养护池	béton légèrement armé	低配筋率钢筋混凝土
bâche à eau	蓄水池	béton maigre	贫混凝土
BAD (Banque afrique de développement)	非洲发展银行	béton non-armé	素混凝土
		béton pauvre	贫混凝土
badigeonnage en bitume	沥青涂层	béton pompé	泵送混凝土
bague de fixation	紧固环	béton prêt à l'emploi	商品混凝土
baguette d'angle	护角条	béton primaire	一期混凝土
baguette de soudure	焊条	béton projeté	喷射混凝土
baie vitrée	玻璃观景窗	béton riche	富混凝土
bain soufflant	挤浆法	béton secondaire	二期混凝土
balcon	阳台	béton standard	标准混凝土
ballastière	砾石场	bétonné	混凝土加固
bande de chatterton	绝缘带（电工）	bétonnière	混凝土搅拌机
bandeau	层间腰线	bilan fiscal	税务资产负债表
Banque mondiale	世界银行	biseauté	斜边（瓷砖边缘）
baquet d'acrotère	女儿墙泛水条	bitume armé	加筋油毡
baraquement de chantier	工棚	bitumé armé d'aluminium	铝箔沥青油毡
barbacane	排水管	bloc	楼栋
barre	钢筋	bloc	砌块
barre à haute adhérence	高强度锚杆	blocage horizontal des marches	踏步纵向锁头
barre à mine	撬棍	boîte à outils	工具箱
barre crénelée	螺纹钢筋	boîte d'encastrement	嵌入式接线盒
barre d'ancrage	锚杆	boite dérivation	分线盒
barre lisse	光面钢筋	bon pour exécution	准予施工
base de chantier	施工区	bonne tenue	稳固
base de vie	生活区	bord rectiligne	边正（边线直）
bassin d'eau de pluie	雨水池	bord supérieur arrondi	上边圆弧形
bâti	门窗梃（门楦）	bordereau des prix unitaires	单价表(价项清单)
bêche	铁锹	bordure	路缘石
becquet d'acrotère	女儿墙墙帽	bornage	放样
bénéficiaire	受益人	bornier	接线端子板
benne à béton	混凝土料斗	bouchardage	拉毛
béton antidérapant	防滑混凝土	bouches d'arrosage	喷淋口
béton armé brut	清水钢筋混凝土	boulon d'ancrage	地脚螺栓
béton armé coulé sur place	现浇钢筋混凝土	bourrage	填缝
béton de moellon	毛石混凝土	boussole	罗盘
béton de propreté	素混凝土	bouteur sur chenille	履带式推土机
béton désactivé	豆石砂浆地面	bouteur sur pneus	轮式推土机
béton enterré	地下混凝土结构	boutisse	丁砖
béton étanche	防水混凝土	boutisse en tableau	门窗洞口边缘丁砖
béton hydrofuge	防水混凝土	Bp. (boîte postale)	信箱代码
béton imprimé	印花砂浆地面	BPU (bordereau des prix unitaires)	单价表
béton léger	轻质混凝土	brasage capillaire	毛细钎焊

brique	火砖	camion tanker	油罐车
brique cellulaire	蜂窝砖	camion-basculant	自卸车
brique cloison	隔墙砖	camion-citerne	油罐车（运水车）
brique creuse	空心砖	camion-grue	汽车吊
brique de 3 trous	三孔砖	camionnette	厢式卡车
brique réfractaire	耐火砖	canalisation en ciment comprimé	水泥压制管道
briqueterie	砖厂	candélabre	华柱路灯
brise-roche	碎石机	candidat	竞标人
brise-roche hydraulique	液压凿岩机	caniveau à ciel ouvert	明沟
broche de fixation	固定销钉	caniveau couvert	暗沟
broyeur à mâchoires	鄂式轧石机	capacité calorifique volumique	热容量
bull	推土机	capacité financière	资金实力
bulldozer	推土机	capacité professionnelle	专业能力
bulletin de paie	工资表	capacités technique	技术能力
bureau d'études	建筑设计事务所	capillarité	毛细现象
bureau de chantier	现场办公室	capital social	注册资本
buse	管道	caractéristiques de compactage d'un sol	土壤压实指标
busette	排水孔（窗框上）	caractéristiques physiques	物理性能
C.N.E.R.I.B (Centre National d'Études et de Recherches Intégrées du Bâtiment)	国家建筑研究设计中心	caractéristiques techniques	技术性能
		carottage	钻取试样
cabinet d'architecture	建筑设计事务所	carotte de béton	混凝土样棒
câble en acier	钢索	car-port	停车棚
câble pour mise à la terre	地线	carreaux compacto	人造大理石砖
câble pour parafoudre	避雷线	carrelage	铺砖
câblerie	电缆	carrière	砂石场
cachet	公章	carte d'immatriculation	税卡
cage d'escalier	楼梯井（间）	carte grise	行驶证
cahier des charges	招标细则	carte professionnelle d'artisan	手工业者职业证明
cahier des charges générales	通用招标细则	cartouche	图签
cahier des prescriptions communes	通用规定手册	casier judiciaire	犯罪记录
cahier des prescriptions spéciales	特别招标细则	casque de protection	安全帽
cahier des prescriptions techniques	技术规定汇编	catalogues nationaux	全国产品分类目录
cahier des spécifications techniques	技术说明书	caution aval	保付加签
caillou	卵石	caution de bonne exécution	履约保证金
calage	调整定位	caution de soumission	投标保证金
calandre	风栅	caution personnelle et solidaire	个人连带责任担保
calepinage en fresque	壁画拼图	caution solidaire	连带担保
calfeutrer	堵塞（门窗）缝隙	cautionnement	保证金
calibre	导线截面积	cautionnement de restitution d'avance	偿还预付款保证金
camion benne	自卸卡车		
camion malaxeur	混凝土搅拌车	cautionnement définitif	履约保证金
camion semi remorque à benne	半挂自卸车	cautionnement provisoire	投标保证金
camion semi remorque à plateau	半挂平板车		

CCAG (cahier des clauses administratives générales)	一般行政条款	chute d'eau	马桶冲水
CCAP (cahier des clauses administratives particulières)	特别行政条款	ciment à haute résistance	高强度水泥
		ciment à prise lente	慢凝水泥
		ciment à prise rapide	速凝水泥
centrale à béton	混凝土搅拌站	ciment à résistance initiale	早强水泥
centrale d'achat	采购站	ciment aux cendres volantes	粉煤灰水泥
certificat d'origine	原产地证明	ciment blanc	白水泥
certificat de qualification	资质证明	ciment de silicate	硅酸盐水泥
certificat de qualification et de classification professionnelle	专业资质等级证书	ciment en sac	袋装水泥
		ciment en vrac	散装水泥
certificat d'immatriculation au registre du commerce	工商注册登记证	ciment Portland	硅酸盐水泥
		ciment rapide	快硬水泥
certificat qualité du produit	产品合格证	ciment résistant aux sulfates	抗硫水泥
cession	转让	cintre de coffrage	模板拱圈
cession de parts sociales	公司股权转让	cintreuse	钢筋弯折机
cession du contrat	合同转让	cisaille	剪板机
cessionnaire	受让人	cisaille-coudeuse	钢筋弯曲折断机
chaînage	圈梁	ciseau	凿子
chalumeau	焊枪	classe de résistance	强度等级
chambranle	门窗套	classification professionnelle	资质级别
chandelier	吊灯	clé à douille	套筒扳手
chape	找平层	clé à mâchoires mobiles	活动扳手
chape acoustique	隔音层	clé à molette	活动扳手
chape de nivellement	找平层	clé à tire-fonds	套筒扳手
chape étanchéité	防水找平层	clé à tubes	管钳
chapeau de ventilation	透气帽	clé hexagonale	内六角扳手
charge	负荷	clé polygonale	梅花扳手
charges sociales	社保费	clé serre-tubes	管扳手
chargeur	装载机	clinomètre	测斜仪
chargeuse-pelleteuse	挖掘装载一体机	clip de maintien	固定件
chariot élévateur	叉车	cloison	隔墙
charpente	屋架	clôture	围栏
châssis	门（窗）框架	CNAS (Caisse Nationale des Assurances Sociales des Travailleurs Salariés)	国家雇工社会保险基金
chaussée dallée	石板路		
chaussée goudronnée	柏油路		
chef de file	牵头企业	CNSS (Caisse Nationale de Sécurité Sociale)	国家社保局
chef de projet	项目经理		
chemin de câble	电缆桥架	cocontractant	承包方
chemin de service	便道	coefficient de dilatation	膨胀系数
cheville	销	coefficient de foisonnement	松方系数
chiffre d'affaires	营业额	coefficient de tassement	压缩指数
chômage intempéries	恶劣天气临时停工	coefficient d'occupation des sols	容积率
chute d'eaux pluviales	雨水管	coffrage	模板
chute de tension	电压损失	coffrage lisse	光滑模板

coffrage perdu	一次性模板	connaissement	提单
coffrage grimpant	爬升模板	conseil d'administration	董事会
coffre de volet	百叶窗盒	conservation	保卫工作
coin nivellement carrelage	瓷砖找平插片	consistance des travaux	施工质量
collage	粘附性	consistance du béton	稠度（混凝土）
colle de construction	建筑胶	console	托架
colle universelle	万能胶	constatation éventuelle des métrés	方量实测
collier	管箍（卡）	constructeur	建筑方（施工方）
colonne montante	上水管	constructions mitoyennes	共用建筑物
commencement de prise	初凝	consultation	询标
commission d'ouverture des plis	开标委员会	contacteur	接触器
commission de développement économique régional	地区经济发展委员会	contestation	争执
commission nationale des marchés	国家合同委员会	contractant	签约人
commissionnaire	代理商	contrainte	应力
compacité	密实度	contrainte mécanique	机械应力
compactage	夯实	contrat alloti	分标段合同
compacteur	夯实机（压路机）	contrat de réalisation	施工合同
compacteur pneu	轮式压路机	contre écrou	防松螺母
compacto	仿花岗岩板	contre essais	比对试验
comparaison des offres	报价比选	contre garantie	反担保
composition des prix unitaires	单价构成	contre marche	踢面
composition du béton	混凝土配方	contre mastique	底油灰
composition granulométrique	颗粒级配	contre visite	复查
compte bancaire bloqué	冻结账户	contre-pesée	查验重量
compte ouvert au nom de	户名	contreplaqué marine	防水胶合板
concasseur	碎石机	contrôle complet	全程监管
conclusion du marché	缔结合同	contrôle de l'exécution des travaux	施工监理
concordat	清偿协议	contrôle de qualité	质量监理
concrétion calcaire	钙质结核	contrôle technique	技术监理
concurrent	竞标人	contrôleur	监理方
condamnation définitive	终审	convention de groupement	联合体协议
conditions de réception des ouvrages	工程验收条款	copropriétaire	业主（共有）
conducteur	导线	corde de sécurité	安全绳
conducteur des travaux	工地领工员	cordeau à tracer	墨斗
conducteur en cuivre	铜芯电缆	corniche	挑檐
conductivité thermique	导热性	cornière	角钢
conduit	管道	corps	壳体
conduite	导管	cote de niveau du sol naturel	自然地面标高
cône d'ABRAMS	坍落度筒（锥形筒）	cote de niveau projeté du sol	设计地面标高
confirmation de propriété de l'assiette foncière	房基确权	couche d'accrochage	胶结层
		couche d'enduit à chaud bitumé	热沥青油膏层
		couche d'imprégnation à froid	冷浸层
conformité	合格	couche d'impression	底漆层

couche de dressage	找平层（涂料）	cunette	排水沟
couche de finition	面漆层	cure du béton	混凝土养护
couche de plâtre	石膏层	cutter	美工刀
couche d'enduit d'accrochage	黏结层涂料	d.g.d（Décompte général définitif）	总决算（缩写）
couches espacées	每层间隔	d.t.r（Document Technique Réglementaire）	建筑技术规范
couches successives	逐层（回填）		
coude	弯头	d.t.u（Document Technique Unifié）	建筑统一技术规范
coulage	浇筑	dallage	铺面
coulage par grue	吊车灌注	dalle	楼板
coulage par pompe	泵送浇注	dalle de compression	叠合板
coulis	灰浆	dalle flottante	浮筑地板
coulis de béton	混凝土灰浆	dalle pleine	实心板
coulis de ciment	水泥灰浆	dallette	小石板
coulures grattées	斑点	dans l'embarras	复杂工况
coupe	剖面图	d'aplomb	垂直
coupe en long	纵剖面图	date d'expiration	到期日
coupe en travers	横剖面图	date de délivrance	颁发日期
coupe longitudinale	纵剖面	date de dépôt des offres	递标截止日期
coupe raccord	接头切割	date de signature	签字日期
coupe typique	典型剖面图	de droit	满足法律规定的（地）
coupes circuits	断路开关		
coupeur de barres	钢筋切割机	de plein droit	合法地
coupole	穹顶	déblai	挖方
courant fort	强电工程	déblayage	挖方
courbe de niveaux	水平曲线	déblayer	清运
courrier recommandé avec accusé de réception	带回执挂号信	débris	碎屑
court-circuit	短路	décapage de la terre végétale	清除绿色植被
couvercle	护罩	décharge publique	公共废料场
couverture	屋面	déclarant	申明人
couvre joint	压缝条	déclaration	申报
CPA325（ciment Portland artificiel）	波特兰 CPA325 号人工硅酸盐水泥	déclaration à souscrire	投标声明
		déclaration de candidature	报名声明
crapaudine en zine galvanisé	电镀锌滤栅	déclaration de probité	廉洁声明
creuseuse	挖掘机	déclaration sur l'honneur	荣誉声明
critère d'origine	原始标准	décoffrage	拆模
critère d'évaluation	评标标准	décoffrant	脱模剂
critère technique	技术标评标标准	décompte global définitif	总决算
critères de notation	评分项目	décompte partiel	分期付款
crochet galvanisé	镀锌挂钩	décompte provisoire mensuel	月进度款
croisillon d'espacement	瓷砖十字架	décoration intérieure	室内装修
croquis	简易图	découpage des plans	分区图
cuisinière	灶具	décret présidentiel	总统令
culotte	斜三通（叉形管）	dédouanement	清关

défaillance	违约	direction départementale de l'équipement	省装备局
définition du contrat	合同定义	direction des contraintes	受力方向
déformations anarchiques	不规则变形	direction régionale de l'équipement	地区装备局
dégagement	清场		
degré hydrométrique	水硬度	directives territoriales d'aménagement	城市规划地域规划要求
délai d'exécution	施工期限		
délai de garantie	保修期	disjoncteur	断路器
délai de recours	追诉期	disjoncteur compact	空气开关
délai des travaux	工期	dispense des pénalités	免除罚款
délégant	授权人	dispositif de protection contre les courts-circuits	短路保护装置
délégataire	被授权人		
délégation	授权书	dispositif différentiel à courant résiduel	剩余电流差动保护
Délégation à l'Aménagement du Territoire et à l'Action régionale	国土规划与地区发展委员会		
		dispositions générales	总则
délégation de pouvoir	授权书	dispositions spéciales	特别条款
délimitation	放线	dispositions techniques	技术条款
demande d'éclaircissements	澄清要求	disque de coupe à émeri	砂轮切割片
demi-produit	半成品	distribution de l'eau	供水
démolition	拆除	distribution du gaz	燃气供应
dénivelée	高差	documents de l'avant-projet	初步设计文件
dénomination de la société	公司名称	domaine d'emploi	使用范围
densité à poids sec	干容重	domicile de l'entrepreneur	承包方住所
densité apparente	容重	domiciliation bancaire	开户行
densité relative	相对密度	domination du marché	市场支配地位
déposer des offres	递标	données particulières de l'appel d'offres	招标信息资料
dépôt	弃方（弃土）		
dérivation	分电路	dormant	窗框
dérogation spéciale	特许	dosage granulométrique	级配
descente d'eaux usées	排污管	dossier de prise en considération	备忘录（项目）
descriptif sommaire	分部分项工程项目特征描述	dossiers d'appel d'offres	招标文件
		dossiers d'exécution	施工资料
désengagement de prestation	合同解除	double bain de mastic	双面油灰
désignation	名称	double boulon	双头螺栓
dessin d'exécution	施工图	double mètre	折尺
dessin d'exécution technique de normalisation	标准化施工图	double parois	双层墙
		double vitrage	双层玻璃
destination	用途	douilles à baïonnettes	卡口灯座
détail	详图	douilles à vis	螺口灯座
détail estimatif	估量概算	doux	韧性
détail quantitatif et estimatif	工程量概算	dpc. (dossier de prise en considération)	备忘录（项目）
devis quantitatif et estimatif	工程量价单		
devis descriptif	工程说明书	dragline	索斗挖土机
Dim. (dimension)	尺寸	drague	挖泥船

drain souterrain	盲沟	emboîtement	承插式
drainage	排水	emploi tenu	工作年限
dressage	修整	emprise	征地范围
droit applicable	适用法律	émulsion de bitumes	乳化沥青
droit de préemption	优先受让权	en chiffres	用小写数字
droits des parts sociales	公司股权	en force approprié au poids de	具有相对应的承重能力
dûment rempli	按规定填写的		
dumper	自卸车	en lettres	用大写数字
DUNS（Data Universal Numbering System)	邓白氏编码	en matière carbonate	碳酸酯材质
		en pierre sèche	干石料
durcissement	硬化	en séance publique	当众
durcisseur pour le béton	混凝土硬化剂	en situation fiscale régulière	纳税状态正常
durée de service	使用寿命	en stop sol	落地式
dureté	硬度	en toutes taxes comprises	含税
E.A.C（enduit à chaud)	热涂层	en trois exemplaires	一式三份
eau à ciel ouvert	地表水	enclenchement	接通
eau agressive	侵蚀性水	enduit	抹灰
eau de compactage	压实用水	enduit à chaud bitumé	热熔沥青
eau de gâchage	拌合水	enduit d'application à chaud	热熔防水层
eau de surface	地表水	enduit monocouche	单层表面处治层
eau douce	软水	enduit préparatoire	打底层（腻子)
eau du sol（eau souterraine)	地下水	engager l'entreprise	代表承包方签约
eau potable	饮用水	enlèvement	提（货)
eaux pluviales	雨水	enrochement	毛石
eaux usées	污水	ensemble des parois	整体墙面
éboulement	滑坡	entamer l'opération	开始作业
EC.（eau chaude)	热水	entité	实体（企业)
écarter	剔除	entité adjudicatrice	私人招标单位
échafaudage	脚手架	entrées	填入的数据
échantillon d'essai	试件	entrepositaire	仓储公司
échantillon intact	未扰动试样	entrepreneur	承包商（方)
échelle	比例尺	entrepreneurs groupés	联合承包商
éclairage	照明	entreprise	承包企业（方)
éclairage artificiel	人工照明	entreprise d'Etat	国有企业
EF.（eau froide)	冷水	entreprise défaillante	劣质企业
égouts	污水管	entreprise individuelle	个体工商户
égrenage	铲平	entreprise préqualifiée	资格审查合格的公司
élasticité multidirectionnelle	多方向弹性		
éléments constitutifs	构造件	entreprise publique	公共企业
élévateur à fourche	叉式装卸车	entrer en vigueur	生效
élévateur à godets	斗式升降机	entrevous	梁间空心砖
élévation	立面	énumération	明细清单
éligibilité	投标资格	environnement immédiat	附近场地
élingue	吊索	épandeuse	布料机

épaufrure	缺棱掉角	étanchéité à l'air	气密
épingles en fer	钢卡子	étanchéité en paralumin	铝箔卷边防水
épissure	电线绞接	étanchéité multicouche	多层防水
épreuve de traction	抗拉力测试	étau	台虎钳
éprouvettes en béton	混凝土试块	étude de faisabilité	可行性报告
épuisement de fouille	挖方排水	étude de sol	土质报告
équerre	角尺	étude géotechnique	地勘报告
équerre	角筋	études d'architecture	建筑设计
erreur admissible	允许误差	EV. (eaux-vannes)	粪水
espace d'arbre	树池	évacuation avec tampon	带盖地漏
essai au drainomètre de chantier	现场路面透水性测试	évaluateur	评估员
essai cisaillement triaxial	三轴剪切测试	évaluation des offres	评标
essai d'adhésivité vialit	沥青粘附性测试	évaluer au métré	现场实际测量
essai d'affaissement au cône d'Abrams	混凝土坍落度测试	évaluer les offres	评标
		excavateur	挖掘机
essai d'orniérage	车辙测试	excavateur-chargeur	挖掘装载一体机
essai de cisaillement rectiligne	直接剪切测试	excavation	开挖
essai de composition et de résistance optimale de béton	混凝土成分及最佳配比试验	exécution des travaux	施工
		exemplaire original	原件
		exercice	会计年度
essai de fendage	劈裂测试	expropriation du terrain	征地
essai de formulation de tout-venant de carrière	采集场材料测试	extrait de rôles	完税证明
		extrait du casier judiciaire	犯罪记录证明
essai de module	模数测试	extrait du registre de commerce	营业执照
essai de perte linéaire	直线性损失测试	extrémité de goulottes	料斗出口端
essai de sédimentation	筛分测试	F/P (fourniture et pose)	供应与安装
essai de tamisage	颗粒分析	façon isolante	绝缘方式
essai Deval	道瑞磨耗测试	façonnage	制作成型
essai Duriez	残留强度测试	facture acceptée	认可发票
essai géotechnique	土工测试	FAD (Fonds africain de développement)	非洲开发基金
essai Los Angeles	洛杉矶磨耗		
essai mécanique	力学测试	faïence	彩陶
essai Proctor	击实测试	faire foi	以……为准
essais de compression	抗压测试	faux-plafond	吊顶
établi conformément au cadre figurant au dossier du contrat	依照合同规定的范围编制	fêlures	裂痕
		fer à béton	钢筋
établir les dossiers d'appel d'offres	编制标书	fer tor	绞钢
		ferrage	铁件安装（门上）
étai	支架	ferraillage	钢筋铺扎
étaiement	支撑	ferraille	钢筋
étalement	敷设	ferronnerie	铁件
étaleur du béton	混凝土摊铺机	feu mur	壁灯
étanchéité	封闭	feuille d'étanchéité	防水卷材
étanchéité	防水	feuille de polyane	聚胺薄膜层

feuilleté	夹层玻璃	frais d'approche	接入费
feuillure	门窗上的边槽	frais généraux	管理费
feutre bitumé	沥青油毡	franc CFA	西非法郎
feutre géothermique	土工布	fusible	保险丝
fichier national des fraudeurs	违法经营黑名单	gabion	铅丝笼
fil pilote	中线	gâchée	拌合物（混凝土、砂浆等）
filerie	布放线缆		
fileté	螺纹的	gâcher	拌和
filet de sécurité	安全网	gage	有形动产质押
filiale	子公司	gaine	电缆护套
film de polyéthylène	聚乙二醇膜	gaine d'ascenseur	电梯井
film polyane	聚乙烯薄膜	gaine technique	线路集成盒
financement	融资	galet	卵石
fines de roche	岩石粉	garant	担保人
finisseuse	平地机	garantie	保证金
finition autour des réservations	预留口周边收口	garantie à première demande	见索即付的担保函
flasque-bride	法兰侧板		
Flintkot	冷底子油	garantie bancaire	银行保函
fonçage	冲击韧性	garantie contractuelle	合同担保
fondation superficielle	浅层基础	garantie de bonne exécution	履约保函
fondation sur pieux	桩基	garantie de soumission	投标保证金
fonds circulant	流动资金	garantie légale	法定担保
fonds de réserve	储备金	garde-fou	护栏
fonds propre	自有资金	garde-corps	栏杆
force majeure	不可抗力	gargouille	落水口
foreuse hydraulique	液压钻	gauchissement	变形
foreuse percutante	冲击钻	généralité	总则
formalité juridique	法律程序	génératrice supérieure	管道上缘线
forme de l'entreprise	企业性质	génie civil	土木工程
forme de pente	找坡层施工	géogrille	土工格栅
forme de pente en béton	混凝土找坡	géomembrane	土工薄膜
forme de sable	砂垫层	géotextile	土工布
forme juridique de la société	公司性质	géotextile en fibre de verre	玻纤土工布
formulaire récapitulatif des informations	信息汇总表	gestionnaire d'énergie	暖气控制器
		girouette	风向标
formule de la révision des prix	价格调整公式	gites emprunt	料场
fosse septique	化粪池	glaciers de mortier	砂浆结块
fouille blindé	有支护开挖	godet	混凝土料罐
fouille en gradins	台阶开挖	gondolement	鼓包
fouille en tranchées	沟槽开挖	gorge semi-circulaire	半圆形凹槽
fouilles en pleine masse	大开挖	goujons filetés à contre écrous	膨胀螺丝（杆）
fouilles en puits	竖井开挖	goulotte	浇筑料斗
fouilles en rigoles	沟槽开挖	gouttes	滴痕
fourreaux en PVC	PVC 套管	gouttière	天沟

grande masse	大开挖	hypothèque	不动产抵押
granite	花岗岩	IBS (impôt sur les bénéfices des sociétés)	公司利润税
granito	水磨石		
granulométrie	粒度	identification précise des parties contractantes	签约各方信息
gravat	建渣		
graveleux	砾质土	identité et qualité	身份和职务
graves non traitées	天然碎石	immatriculation fiscale	税务登记
gravier	砾石	immobilisations corporelle	有形不动产
gravier à béton	混凝土用砾石	immunité	抗扰性
gravier broyé	碎砾石	imperméable argileuse	不透水粘土层
gravier fin	细砾石	implantation	放线
gravier roulé	鹅卵石	imposte	副窗
gravillon	细砾石	impuretés dissoutes	溶解杂质
gré à gré	协商	impuretés en suspension	悬浮杂质
grès cérame	陶土	imputation	计入
griffe à ferrailler	绑扎（钢筋）钩	in situ	在正位
grillage avertisseur	塑料格栅	indications générales et descriptions des ouvrages	工程概述
grillage en fil galvanisé	镀锌铁丝网		
grille	格栅	indice de compression	压缩系数
grille en fer forgé	锻铁栏栅	indice des vides d'air	孔隙比
gros béton	粗骨料混凝土	infiltration d'eau	渗水
gros mur	主墙	infrastructure	下部结构
gros œuvre	主体工程	ingénieur assurance qualité	质量工程师
gros agrégat	粗骨料	ingénieur conseil	监理（咨询）工程师
groupement	联合体	ingénieur conseiller	监理（咨询）工程师
grue à tour	塔吊	ingénieur en génie civil	土木工程师
grue fixe	固定起重机	ingénieur en topographie	地质勘测工程师
grue mobile	汽车吊	ingénieur en VRD (voirie et réseaux divers)	市政管网工程师
gunitage	喷射水泥		
guniteuse	水泥喷枪	ingénieur géotechnicien	地勘工程师
gypse	石膏	ingénieur topographe	测量工程师
HA (haute adhérence)	高附着力	ingrédient	混凝土配方成分
habilitation	授予权利	injecteur de ciment	水泥枪
hache brise glace	消防斧	inscription au registre de commerce	商业注册
hérisson en pierres sèches	干毛石	installation de chantier	工地设置
hérissonnage	毛石基础	installations provisoires	临时设施
hêtre	榉木	institution émettrice	签发机构
homogène	均质的	instructions aux soumissionnaires	投标人须知
hourdis	梁间空心砖	intensité macroséismique	地震烈度
hp. (heure de pointe)	高峰期	interrupteur	开关
ht. (hors taxes)	税前	interruption des travaux	施工中止
hublot	吸顶灯	inventaire	清产核资
huile de démoulage	脱模油	IRG (impôt sur le revenu général)	总收入所得税
huisserie	门（窗）樘	irrégularités	不平整

isolant	绝缘材料	ligature	电线缠绕
ISOLASUP	混凝土保温砖	limite d'expropriation	征地界
isolation	绝缘	linteau	过梁
issue	出口	liquidateur	清算人
jalon	标杆（尺）	liquidation	清算
jeu	间隙	liste des moyens humains	人员清单
jeu de barillets	锁芯套件	liste des pièces	文件清单
jeux divers	反复（门窗）开合调试	listing des moyens matériels	设备清单
		lit de sable	砂垫层
joint	密封条	litige	分歧
joint au mortier de ciment	水泥砂浆勾缝	location-vente	租购
joint coulé au ciment blanc	白水泥勾缝	loggia	凉廊
joint de coffrage	模板边缝	logistique	物流
joint de dilatation	伸缩缝	longrine	基础梁（地梁）
joint de reprise	施工冷缝	lot	标段
joint hourdis au mortier	打底灰泥接缝	lustre	吊灯
joint transversaux de dilatation	横向胀缝	lustres de cristal	水晶吊灯
joint transversaux de retrait	横向缩缝	maçonnerie	砌体
jour calendaire	自然日	MAD (dirham)	迪拉姆
jugement des prix	判标	maillet	木锤
justificatif	凭证	main d'œuvre	人工
kraft	牛皮纸	mainlevée de caution	保函解除
lâche	松散	maison d'architecte	建筑设计事务所
laitance	薄水泥浆	maison mère	总部
lame de scie	锯片	maître d'œuvre	设计管理方（业主代表）
lame de scie de céramique	云石锯片		
lampadaire	落地灯	maître d'ouvrage	建设方
lancer l'appel d'offres	发出招标书	maîtrise d'œuvre	监理事务
lave main	洗手池	majoration de foisonnement	涨土追加额
laveuse de sable	洗砂机	malaxage	分层填筑
leasing	租赁	malaxeur à béton	混凝土搅拌机
législation applicable	适用法律	malfaçons non conformes	不合格工程
législation du travail	劳动法规	manuel de conception	设计手册
législation en vigueur	现行法律	marché	合同
lettre d'intention	意向书	marché conjoint	联合合同
lettre de crédit	信用证	marché public	政府采购合同
lettre de soumission	投标函	marge d'erreur tolérée	可允许的误差范围
lettre recommandée	挂号信	marge de préférence	优惠政策
lettre de garantie pour soumission	投标保证书	marteau de battage	打桩机
		marteau de coffreur	木工锤
liaison par pénétration	插接（砌砖）	marteau perforateur pneumatique	风动凿岩机
liant hydraulique	水硬性胶凝材料	marteau piqueur	风镐
liège	软木	masque de soudeur	焊工面罩
lieu d'imposition	纳税地	masse des travaux	工程量

masse volumique	密度	moyens d'accès et de circulation établie pour le ou les besoins de son chantier	进出工地的设施
massette	大锤		
mastic	油灰		
masticage	嵌油灰	moyens en matériel	设施
matériau	材料	mur à vide d'air	空心墙
matériel	设备	mur de cisaillement	剪力墙
matières étrangères	异物	mur de clôture	围墙
mémoire technique	技术方案	mur de soutènement	挡土墙
menuiserie aluminium	铝合金门窗	mur en aile	翼墙
menuiserie bois	木作工程	mur en brique	红砖墙
mesure coercitive	强制措施	mur extérieur façade pignon	人字形面墙
mesures d'ordre et de sécurité	安全措施和秩序管理	mur mitoyen	界墙
		mur porteur	承重墙
méthodologie de travail	施工工艺	mur rideau	玻璃幕墙
métré	施工测量	nantissement	无形动产质押
métré contradictoire	工程量复查	nervure	肋梁
mètre linéaire	延米	NIF（numéro d'identification fiscale)	纳税人识别码
mètre ruban	卷尺		
meuleuse	角磨机	NIS（numéro d'identification statistique)	统计局登记号
minium de plomb	四氧化三铅（红丹）		
mise à niveau	平整	niveau à bulle	气泡水平尺
mise en chantier	开工	niveau des eaux souterraines	地下水位
mise en dépôt	弃（土）方	niveau laser	激光水平仪
mise en œuvre à hauteur	架空安装	niveau référence	水平参考线
mise en régie	托管	niveleuse	平地机
mission de suivi	随查任务	nivellement des terres	平整土地
mode d'évaluation des ouvrages	作价方式	nivellement du terrain	场地平整
mode d'exécution des travaux	施工方式	nomenclature	零件明细
mode de facturation	款项计算方式	non conforme	不合格
mode de passation	签署方式	normes D.T.U (Document Technique Unifié)	通用技术规范标准
modifiant et complétant	修订和完善的		
moellon	毛石	notation	分值
moindre fatigue	受力最小	note de calcul	计算书
moins-disant	最低报价的	notice descriptive	工程设计说明书
montant	门（窗）梃	notification d'acceptation	中标通知书
montant de la mensualité	月度金额	notifier le marché	开标
montant du contrat	合同金额	nuance	牌号（钢材）
montant des rive	边框	numéro DUNS (Data Universal Number System)	邓白氏编码
monte-charge	物料提升机		
montée de laitance en surface	表面浮浆	numéro repère	编号
mortier	砂浆	objet	标的
mortier colle	胶砂灰	obligation fiscale	纳税义务
moule cylindrique métallique	金属圆柱筒模具	obligation parafiscale	附加税义务

occuper exactement les emplacements prévus aux plans	按图就位	partie commune	公共部位
ods (ordre de service)	施工单	passage aérien	天桥
office notarial	公证处	passage piéton	行人通道
offre	报价	passant	通过率
offre financière	经济标书	passation du contrat	签订合同
offre la moins disante	最低报价	passe	一轮
offre technique	技术标书	patente d'exploitation	营业执照
opérateur économique	经营单位	patio	天井
ordonnancement des travaux	工程安排	patio principale	中庭
ordre d'arrêt de service	停工通知	paumelle	铰链（合页）
ordre de recouvrement	催款书	pavage	铺石路面
ordre de reprise de service	复工通知	pavé	铺路石
ordre de service	施工单	payement des travaux	工程付款
organisation du chantier	现场管理	PAZ (Plan d'aménagement de zone)	开发区详细规划
original fera foi	以原件为准	PEHD (Polyéthylène haute densité)	高密度聚乙烯塑料
ossature	框架	peinture à la tyrolienne	蒂罗尔式外墙涂料
ouverture des plis	开标		
ouverture du chantier	开工	peinture antirouille	防锈漆
ouvrage d'art	桥隧工程	peinture au vernis	清漆
ouvrage dissimulé	隐蔽工程	peinture en gréffie	肌理涂料
ouvrage métallique	金属结构物	peinture pliolite	丙烯酸树脂涂料
ouvrant	门窗扇	pelle	铲车
P.F. (produit fini)	成品	pelle hydraulique	液压挖掘机
palan à levier	手动葫芦	pénalité de retard	超期罚款
palan électrique	电动葫芦	pendule	线锤
palplanche	钢板桩	pente régulière	坡度规整
panneau de fers à béton	钢筋网	perceuse électroportative	电钻
panneau backélisé	酚醛树脂漆板	perdu	一次性的
parafoudre	避雷针	période de validité de l'offre	投标有效期
parapet	女儿墙	permis de construire	建筑许可证
paratonnerre	避雷针	permis de travail	务工许可证
parcelle	地块	perré	石砌护坡
parclose	安装玻璃的卡条	personnalité juridique	法人资格
pare vapeur en polyane	聚乙烯隔气层	personne ayant qualité pour engager l'entreprise	代表承包方的签约人
parement du béton	混凝土砌面		
parpaing	水泥砖	personne morale	法人
parquet contrecollé	实木复合地板	personne physique	自然人
parquet laminé	强化木地板	personnel proposé	拟配备人员
parquet massif	实木地板	personnes dument habilitées à signer le contrat	授权签约人
parquet stratifié	多层实木地板		
part sociale	公司股份	perspective	透视图
partenaire cocontractant	承包方	perte de laitance	漏浆
parties	（合同）各方		

pervibrateur	混凝土振捣器	plastifiant	增塑剂（混凝土）
phénomènes d'électrolyse	电解腐蚀现象	plâtrage	抹灰
pic	丁字镐	plâtre	石膏
pick-up	皮卡车	plâtrerie	抹灰工程
pièce accompagnée	随附文件	PLD (plafond légal de densité)	容积率上限
pièce contractuelle	合同文件	pli	投标文件
pièce embétonnée	混凝土预埋件	plieuse	折弯机
pièce humide	有水房间	plinthe	踢脚线
pièce justificative	证明文件	plomberie	管道工程
pièce noyée	预埋件	plot	基础脚
pièces d'appui	外窗台板	PLU (Plan local d'urbanisme)	地方城市规划
pièces du contrat	合同构件	plus-value	增额
pièces justifiant les pouvoirs conférés	授权证明	poche d'aire	气泡
pierre de taille	条石	poids lourd	重型卡车
pierre de tufs	凝灰岩石料	poids spécifique	比重
pignon	山墙	poids volumique sèche	干容重
pilonneuse	打夯机	poids volumique	容重
pioche	十字镐	point de départ des délais contractuel	合同规定的施工期限起始日期
piquet de terre	接地桩	pointe	钉子
pistolet à peinture	喷漆枪	police d'assurance	保险单
PK. (point kilométrique)	千米点	polish à marbre	地板腊
placement	投资	Polyane	塑料膜
plafonnier	吸顶灯	polystyrène	聚苯乙烯（泡沫）
plan d'exécution	施工图	pompe à boue	泥浆泵
Plan d'aménagement et de développement durable	地域规划与可持续发展计划	pompe submersible	潜水泵
Plan d'aménagement, d'embellissement et d'extension	城市美化和空间扩展规划	pondération	权重
plan de disposition général	总平面布置图	pont thermique	热桥
plan de masse	总平面图	porcelaine vitrifiée	玻化砖
plan directeur	总图	porte serviette	纸巾架
plan d'occupation des sols	土地使用规划	pose à bain de mortier	砂浆湿铺
plan d'ensemble	总图	pose en boutisses	丁砖
planche à échafaudage	脚手板（跳板）	pose en panneresse	顺砖
plancher	楼板层	poste de soudure	电焊机
plancher en dalle pleine	实心楼板	poteau	立柱
plancher semi préfabriqué	半预制楼板	poutre	梁
planning de phasage	进度安排	poutre en cadre	箱梁
planning de réalisation	施工计划	poutrelle	小梁
planning d'avancement	进度计划	poutrelle alvéolaire	蜂窝梁
plans de C.E.S (corps d'état secondaire)	辅助工程图纸	poutrelle sodibet	叠合式楼板
		poutres-chainages	圈梁
		pouvoir	委托书
		pouvoir adjudicateur	政府招标部门
plaque de cuisson	炉盘	précadre en aluminium	铝合金门窗外框

pré-dalle	预制板	projecteur de béton	混凝土喷射枪
préemption	优先购买权	projetant	滑撑（门、窗用）
prélèvement d'échantillons au hasard	随机抽样调查	promoteur	开发商
		propriété de sol	土质
première demande	首次索赔	protection contre l'incendie	消防
prendre effet	生效	protection différentielle	差压保护
préparatifs d'exécution	施工准备	protection en gravillon	砾石防水保护层
préqualification	预选	protégé par feuille paquet d'aluminium coffre	铝箔保护
préqualifié	预选合格的		
prescription technique	技术规定	PSNV (plan de sauvegarde et de la mise en valeur)	城市遗产保护和再利用规划
prescriptions contraires	另有规定		
prescriptions générales	一般要求	puissance	功率
présélection	预选	puits de visite	检查井
présent contrat	本合同	pv (procès-verbal)	书面通知
présentation des dossiers	标书递交	qualification	资质
présentation des propositions de règlement	规范方案提交	qualité	资质
		qualité du signataire	签字人职务
prise	凝结（混凝土）	queue de carpe	扁冲水头
prise commandée	远程控制插座	quittance	收据
prise de courant	插座	rabot d'établi	木工刨
prise en compte	计价	raccord	电线接头
prix de revient	成本	raccord vissé	螺纹接头
prix fermé	固定价格	racleur	铲土机
prix forfaitaire	包干价	radier	筏板
prix unitaire	单价	radier général	基础筏板
Prix T.T.C	含税价	ragréer	修琢处理平整
probité professionnelle	职业廉洁	raidisseur	构造柱（加强筋）
procéder au traçage	放线	raison sociale	公司名称
procédure concurrentielle avec négociation	竞争议标	rattrapage de niveau	地板压条
		RC (registre de commerce)	工商注册
procédure de passation du contrat	签约程序	réaction acide	酸性反应
		réalisation	施工
procédure négociée directe avec publication	有告示议标	rebouchage	填堵补平
		récépissé	收据
procédure négociée sans publication préalable	无告示议标	réception	验收
		réception définitive	最终验收
procès-verbal	会议纪要	réception définitive sans réserves	最终验收合格
produit fini	成品	réception provisoire	临时验收
profil en long	纵断面	réception provisoire sans réserves	临时验收合格
profil en travers	横断面	recevoir les soumissions	收取标书
profilage	平整	reconnaissance du droit de paiement	付款确权
profilé	型材		
programme à barres	施工进度表	recours des tiers	三者异议
projecteur	射灯	recours préalable	事前追索权

réducteur de prise	缓凝剂	reprise et mise en service de terre végétale	绿色植被的恢复与启用
réducteur d'eau pour béton	减水剂	réseau	管网工程
refend	隔断	réseau incendie	消防管道
référence	编号	réservation	预留孔
référence bancaire	银行资信证明	réserves émises par le maître d'œuvre	设计监理方检查不合格
référence des échéanciers	缴清期限	réservoir de chasse d'eau	冲水箱
référence professionnelle	业绩证明	résiliation de plein droit du contrat	合法解除合同
régalo-vibro-finnisseuse	振动式混凝土整面机	résiliation du marché	合同的废除
regard	检查井	résistance à l'écrasement	抗压强度
regard de branchement	支管窨井	résistance du béton	砼强度
registre de l'artisanat et des métiers	手工业匠人登记	responsabilité (la) ne saurait être dégagée	责任将不得免除
réglage	场地平整	responsabilité civil	民事责任
règle de maçon	水平尺（泥瓦工）	responsable statutaire	法定负责人
règle de trois	三率法	retardateur de prise pour béton	缓凝剂
règlement de concordat	协商清偿	retenue de garanties	保证金扣留
règlement des différends	争议解决	rétractabilité volumétrique	干缩率
règlement des litiges	纠纷解决	rétrochargeuse	铲挖一体机
règlement du prix des ouvrages ou travaux non prévus	非预计工程的造价结算	revêtement	电线护套
règlement judiciaire	破产保护	revêtement de sol en résine	树脂地面
règlement national d'urbanisme	城市规划国家条例	revêtement en granito	水磨石地面
réglementation thermique	热工标准	revêtisseur	衬砌机
règles de l'art	操作规程	révision et actualisation des prix	调价
régularité	整齐	rigidité	硬度
rejet	否决	robinet d'incendie armé	消防卷盘
rejet d'eau	泛水	robinetterie mélangeur	混水龙头
rejeter une offre	弃标	rôle des impôts	税单
rejointement	勾缝	rond à béton	钢筋
relevé d'étanchéité	防水翻边	rond lisse	圆钢
relevé d'étanchéité en relief	卷起凸出部位防水	rouleau	滚筒
		roulement	轴承
remblai d'emprunt	借方回填	route de circulation	车道
remblai de déblai	移挖作填	sable et gravier à granulométrie	级配砂砾
remblai des fouilles	基坑回填	sable fin	细砂
remblaiement	回填	sable fort	粗砂
remblayage	填方	sable	砂
remise en état	复原	sablière	采砂场
renseignements ci-dessus fournis sont exacts	以上申明准确无误	sans mentionner le montant	不得提及金额
		scellement	锚栓
repère de nivellement	水准点	scellement par vis sur taquets scellés ou chevillés	用螺丝固定在卡扣上，卡扣采用预埋或螺丝固定
reprendre à neuf	返工		
représentant légal de la société	公司法定代表		

schéma de circulation construction	施工流程示意图	solin	泛水
schémas axonométriques	轴测图	solive de faux plafond	龙骨
scie à bûche	木锯	somme due	应付款
scie à disque	圆盘锯	somme toutes taxes comprises	税后金额
scie circulaire	圆盘锯	soubassement	墙基
scléromètre pour béton	混凝土硬度计	souche de ventilation	屋顶通风管
scraper	铲运机	soumettre à l'approbation	报批
se désister	撤标	soumission	投标书
se procurer (retirer) les dossiers d'appel d'offres	购买标书	soumissionnaire	投标人
séance d'ouverture	开标会议	sous bassement	墙裙
section commerciale du greffe du tribunal	法院商事庭	sous-chantier	工区
		sous-critère	分项标准
section des conducteur	导线截面积	sous-jacents	地下工程
ségrégation des agrégats	骨料离析	sous-sol	地下室
sélectionner les candidatures	审查投标人资格	sous-traitance	分包
semelle de fondation	基础承台	sous-traitant	分包商
serrage du béton	砼凝结	sous-traiter	分包
serre joint	夹钳	spécifications	规格
serrure	锁具	spécifications techniques	技术规范
service contractant	业主（发包方）	statutaire	公司章程规定的
Service départemental d'architecture et du patrimoine	省建筑遗产局	statuts	公司章程
		substrat rocheux	基岩
Service immeubles, patrimoine et logistique	房屋、遗产与物流管理局	succursale	分公司
		suintement	渗水
seuil	槛	sujétions	附加费
SG (secrétariat général)	秘书处	supérieure du sol	表土层
siège social	公司住所	superstructure	上部结构
signalisation horizontale	标线（地面）	support béton	混凝土承受面
signalisation verticale	交通标志	surface à bétonner	浇筑面
signature du marché	签署合同	surface uniforme	表面均匀平整
signer le contrat	签订合同	surplomb	悬挑结构
silo à ciment	水泥筒仓	surplus	余额
simple parois	单层墙	sursis légal	延迟缴税书
siphon	存水弯	Syndicat intercommunal d'étude et de programmation	市际规划研究委员会
siphon renversé	倒虹吸		
situation	进度	système de nivelage pour carreaux	瓷砖整平器（套装）
situations mémoires et décomptes	记录和单项进度报表		
		système de notation	评分体系
SLUMP-TEST	坍落度试验	système de vidéo-surveillance	电视监控系统
sol en béton lissé	压光水泥地面	tableau divisionnaire	分电板
sol en béton poli	水磨地面	tableaux	门窗洞口边缘（墙体）
sol fini	完工地面		
solde provisoire	暂时结存	tachéomètre	全站仪（经纬仪）
		taloche	托泥板

tampon	窨井盖	ventilation primaire	屋面排气口
TAP (taxe sur l'activité professionnelle)	职业行为税	vernis blanc	透明清漆
		vernis d'apprêt	打底清漆
tapis de pierres	拼石地面	verre armé	夹丝（网）玻璃
taquet scellé	砌固预埋楔片	verre clair	浅色玻璃
tassement	凹陷	verre extérieur parclosé	明框玻璃幕墙
témoin	参照范样	verre fumé	茶色玻璃
terrain d'assiette	基坑底面	verre stop sol	落地门玻璃
terrain naturel	天然地面	verre stop soleil	遮光玻璃
terrain rocheux	岩石地	verre trempé	钢化玻璃
terrasse	露台	verrou	门闩
terrasse inaccessible	非上人屋面	versement initial	首次缴纳
terrasse patio	内院（天井）平台	VF (Versement Forfaitaire)	工资税
terrassement	土方工程	viabilité	三通一平
terrassement général	大开挖	vibrateur à béton	混凝土振捣器
terrassements en grande masse	大开挖	vibrateur de surface	表面振捣器
terrassements en pleine masse	大开挖	vice de construction	施工缺陷
terrassements et couches de forme	路基土方与基层	vidange	清淤
terre végétale	腐殖土	vide d'air	通风缝
tige d'ancrage	锚钩	vide sanitaire	架空层
TIN (Taxpayer Identification Number)	纳税人识别码	vis de façon isolante	绝缘螺钉
		visa	签章
tirant d'ancrage	锚杆	visite du site	现场考察
tirant-poussant	轨距拉杆	visites des lieux	实地考察
tissu géotextile non tissé	无纺土工布	vitrage feuilleté	强化玻璃
toilette à la turque	蹲便器	vitrerie	玻璃门窗
toiture	屋面	vitrifier	玻化
tôle ondulée	波形瓦	VMC (ventilation mécanique contrôlée)	新风系统
trait de niveau référence	水平参照线	voile	墙板
travaux supplémentaires	追加工程	voile périphérique	基坑支护
traverse	横框	volet marche	踏面
treillis soudé	焊接钢筋笼	volet roulant	卷帘门窗
tréteau	支架	volume de terrassement	土方量
tribunal compétent	管辖法院	w. c. à la turque	蹲便器
tribunal d'arbitrage	仲裁法庭	wagonnet	运料车（小型翻斗车）
trou de réserver	预留孔		
truelle à ciment	抹泥刀	wilaya	省（阿尔及利亚行政区划）
tuile mécanique	机制瓦		
V.R.D.(Voirie et réseaux divers)	道路管线网工程	y/c (y compris)	包括
variante	更改项		

Corpus parallèle chinois-français

安全措施和秩序管理	mesures d'ordre et de sécurité
安全帽	casque de protection
安全绳	corde de sécurité
安全网	filet de sécurité
安装玻璃的卡条	parclose
按规定填写的	dûment rempli
按图就位	occuper exactement les emplacements prévus aux plans
暗沟	caniveau couvert
凹陷	tassement
白水泥	ciment blanc
白水泥勾缝	joint coulé au ciment blanc
百叶窗盒	coffre de volet
柏油路	chaussée goudronnée
颁发日期	date de délivrance
斑点	coulures grattées
板岩	ardoise
半成品	demi-produit
半挂平板车	camion semi remorque à plateau
半挂自卸车	camion semi remorque à benne
半预制楼板	plancher semi préfabriqué
半圆形凹槽	gorge semi-circulaire
拌合水	eau de gâchage
拌合物（混凝土、砂浆等）	gâchée
拌和	gâcher
绑扎（钢筋）钩	griffe à ferrailler
包干价	prix forfaitaire
包括	y/c (y compris)
薄水泥浆	laitance
保付加签	caution aval
保函解除	mainlevée de caution
保卫工作	conservation
保险	assurance
保险单	police d'assurance
保险丝	fusible

保修期	délai de garantie
保证金	cautionnement
保证金	garantie
保证金扣留	retenue de garanties
报价	offre
报价比选	comparaison des offres
报名声明	déclaration de candidature
报批	soumettre à l'approbation
备忘录（项目）	dossier de prise en considération
备忘录（项目）	dpc. (dossier de prise en considération)
被保险人	assuré
被授权人	délégataire
本合同	présent contrat
泵送混凝土	béton pompé
泵送浇注	coulage par pompe
比对试验	contre essais
比例尺	échelle
比重	poids spécifique
壁灯	feu mur
壁画拼图	calepinage en fresque
避雷线	câble pour parafoudre
避雷针	parafoudre
避雷针	paratonnerre
边角平直	arrête droite
边框	montant des rive
边正（边线直）	bord rectiligne
编号	numéro repère
编号	référence
编制标书	établir les dossiers d'appel d'offres
扁冲水头	queue de carpe
变形	gauchissement
便道	chemin de service
标的	objet
标段	lot
标杆（尺）	jalon

汉法平行语料库

标书递交	présentation des dossiers	采集场材料测试	essai de formulation de tout-venant de carrière
标线（地面）	signalisation horizontale	采砂场	sablière
标准化施工图	dessin d'exécution technique de normalisation	彩铝	aluminium coloré
标准混凝土	béton standard	彩陶	faïence
表面粗糙	aspérité	参照范样	témoin
表面浮浆	montée de laitance en surface	残留强度测试	essai Duriez
表面均匀平整	surface uniforme	仓储公司	entrepositaire
表面振捣器	vibrateur de surface	操作规程	règles de l'art
表土层	supérieure du sol	测量工程师	ingénieur topographe
丙烯酸树脂涂料	peinture pliolite	测斜仪	clinomètre
波特兰CPA325号人工硅酸盐水泥	CPA325 (ciment Portland artificiel)	层间腰线	bandeau
波形瓦	tôle ondulée	叉车	chariot élévateur
玻化	vitrifier	叉式装卸车	élévateur à fourche
玻化砖	porcelaine vitrifiée	插接（砌砖）	liaison par pénétration
玻璃观景窗	baie vitrée	插座	prise de courant
玻璃门窗	vitrerie	茶色玻璃	verre fumé
玻璃幕墙	mur rideau	查验重量	contre-pesée
玻纤土工布	géotextile en fibre de verre	差压保护	protection différentielle
补充条款	avenants	拆除	démolition
不得提及金额	sans mentionner le montant	拆模	décoffrage
不动产抵押	hypothèque	产品合格证	certificat qualité du produit
不规则变形	déformations anarchiques	铲车	pelle
不合格	non conforme	铲平	égrenage
不合格工程	malfaçons non conformes	铲土机	racleur
不可抗力	force majeure	铲挖一体机	rétrochargeuse
不平整	irrégularités	铲运机	scraper
不透水粘土层	imperméable argileuse	偿还预付款保证金	cautionnement de restitution d'avance
不锈钢	acier inoxydable	场地打造	aménagement du terrain
布放线缆	filerie	场地平整	nivellement du terrain
布料机	épandeuse	场地平整	réglage
部际政令	arrêté interministériel	超期罚款	pénalité de retard
材料	matériau	车道	route de circulation
采购业务	affaires d'achat	车辙测试	essai d'orniérage
采购站	centrale d'achat	撤标	se désister
		衬砌机	revêtisseur

成本	prix de revient	催款书	ordre de recouvrement
成品	P.F. (produit fini)	存水弯	siphon
成品	produit fini	打底层（腻子）	enduit préparatoire
承包方	cocontractant	打底灰泥接缝	joint hourdis au mortier
承包方	partenaire cocontractant	打底清漆	vernis d'apprêt
承包方单方面承担	aux torts exclusifs de l'entreprise	打夯机	pilonneuse
		打桩机	marteau de battage
承包方住所	domicile de l'entrepreneur	大锤	massette
承包企业（方）	entreprise	大开挖	fouilles en pleine masse
承包商（方）	entrepreneur	大开挖	grande masse
承保人	assureur	大开挖	terrassement général
承插式	emboîtement	大开挖	terrassements en grande masse
承重墙	mur porteur	大开挖	terrassements en pleine masse
城市规划地域规划要求	directives territoriales d'aménagement	代表承包方的签约人	personne ayant qualité pour engager l'entreprise
城市规划国家条例	règlement national d'urbanisme	代表承包方签约	engager l'entreprise
		代理商	commissionnaire
城市美化和空间扩展规划	Plan d'aménagement, d'embellissement et d'extension	带盖地漏	évacuation avec tampon
城市遗产保护和再利用规划	PSNV (plan de sauvegarde et de la mise en valeur)	带合同入股某公司	apport du contrat à une société
澄清要求	demande d'éclaircissements	带回执挂号信	courrier recommandé avec accusé de réception
持有人（合同）	attributaire	袋装水泥	ciment en sac
尺寸	Dim. (dimension)	担保	aval
冲击韧性	fonçage	担保人	garant
冲击钻	foreuse percutante	单层表面处治层	enduit monocouche
冲水箱	réservoir de chasse d'eau	单层墙	simple parois
稠度（混凝土）	consistance du béton	单价	prix unitaire
出口	issue	单价表	BPU (bordereau des prix unitaires)
出资	apport	单价表（价项清单）	bordereau des prix unitaires
初步设计文件	documents de l'avant-projet		
初凝	commencement de prise	单价构成	composition des prix unitaires
储备金	fonds de réserve	当众	en séance publique
窗肚墙	allège	挡土墙	mur de soutènement
窗框	dormant	导管	conduite
窗台	appui de fenêtre	导热性	conductivité thermique
垂直	d'aplomb	导线	conducteur
瓷砖十字架	croisillon d'espacement	导线截面积	calibre
瓷砖找平插片	coin nivellement carrelage	导线截面积	section des conducteur
瓷砖整平器（套装）	système de nivelage pour carreaux	倒虹吸	siphon renversé
		到期日	date d'expiration
粗骨料	gros agrégat	道路管线网工程	V.R.D.(Voirie et réseaux divers)
粗骨料混凝土	gros béton	道瑞磨耗测试	essai Deval
粗砂	sable fort	灯具	appareil luminaire

邓白氏编码	DUNS (Data Universal Numbering System)	电缆	câblerie
邓白氏编码	numéro DUNS (Data Universal Number System)	电缆护套	gaine
		电缆桥架	chemin de câble
低配筋率钢筋混凝土	béton légèrement armé	电视监控系统	système de vidéo-surveillance
		电梯井	gaine d'ascenseur
滴痕	gouttes	电线缠绕	ligature
迪拉姆	MAD (dirham)	电线护套	revêtement
底漆层	couche d'impression	电线绞接	épissure
底油灰	contre mastique	电线接头	raccord
地板腊	polish à marbre	电压损失	chute de tension
地板压条	rattrapage de niveau	电钻	perceuse électroportative
地表水	eau à ciel ouvert	吊车灌注	coulage par grue
地表水	eau de surface	吊灯	chandelier
地方城市规划	PLU (Plan local d'urbanisme)	吊灯	lustre
地脚螺栓	boulon d'ancrage	吊顶	faux-plafond
地勘报告	étude géotechnique	吊索	élingue
地勘工程师	ingénieur géotechnicien	叠合板	dalle de compression
地块	parcelle	叠合式楼板	poutrelle sodibet
地面下沉	affaissement de surface	丁砖	boutisse
地区经济发展委员会	commission de développement économique régional	丁砖	pose en boutisses
		丁字镐	pic
地区装备局	direction régionale de l'équipement	钉子	pointe
		董事会	conseil d'administration
地下工程	sous-jacents	冻结账户	compte bancaire bloqué
地下混凝土结构	béton enterré	斗式升降机	élévateur à godets
地下室	sous-sol	豆石砂浆地面	béton désactivé
地下水	eau du sol (eau souterraine)	堵塞（门窗）缝隙	calfeutrer
地下水位	niveau des eaux souterraines		
地线	câble pour mise à la terre	渡槽	aqueduc
地域规划与可持续发展计划	Plan d'aménagement et de développement durable	镀锌挂钩	crochet galvanisé
		镀锌铁丝网	grillage en fil galvanisé
地震烈度	intensité macroséismique	短路	court-circuit
地质勘测工程师	ingénieur en topographie	短路保护装置	dispositif de protection contre les courts-circuits
递标	déposer des offres		
递标截止日期	date de dépôt des offres	断路开关	coupes circuits
蒂罗尔式外墙涂料	peinture à la tyrolienne	断路器	disjoncteur
		断路装置	appareillage de coupure
缔结合同	conclusion du marché	锻铁栏栅	grille en fer forgé
典型剖面图	coupe typique	蹲便器	toilette à la turque
电动葫芦	palan électrique	蹲便器	w. c. à la turque
电镀锌滤栅	crapaudine en zine galvanisé	多层防水	étanchéité multicouche
		多层实木地板	parquet stratifié
电焊机	poste de soudure	多方向弹性	élasticité multidirectionnelle
电解腐蚀现象	phénomènes d'électrolyse	鹅卵石	gravier roulé

恶劣天气临时停工	chômage intempéries
鄂式轧石机	broyeur à mâchoires
二期混凝土	béton secondaire
发出招标书	lancer l'appel d'offres
伐树	abattage des arbres
筏板	radier
法定担保	garantie légale
法定负责人	responsable statutaire
法国标准化协会	AFNOR (Association française de normalisation)
法兰侧板	flasque-bride
法律程序	formalité juridique
法人	personne morale
法人资格	personnalité juridique
法院商事庭	section commerciale du greffe du tribunal
反担保	contre garantie
反复（门窗）开合调试	jeux divers
返工	reprendre à neuf
犯罪记录	casier judiciaire
犯罪记录证明	extrait du casier judiciaire
泛水	rejet d'eau
泛水	solin
方量实测	constatation éventuelle des métrés
防滑混凝土	béton antidérapant
防水	étanchéité
防水翻边	relevé d'étanchéité
防水混凝土	béton étanche
防水混凝土	béton hydrofuge
防水剂	adjuvant d'étanchéité
防水胶合板	contreplaqué marine
防水卷材	feuille d'étanchéité
防水找平层	chape étanchéité
防松螺母	contre écrou
防锈漆	peinture antirouille
房基确权	confirmation de propriété de l'assiette foncière
房介所	agence immobilière
房屋、遗产与物流管理局	Service immeubles, patrimoine et logistique
仿花岗岩板	compacto
放线	implantation
放线	procéder au traçage
放线	délimitation
放样	bornage
非上人屋面	terrasse inaccessible
非预计工程的造价结算	règlement du prix des ouvrages ou travaux non prévus
非洲发展银行	BAD (Banque afrique de développement)
非洲开发基金	FAD (Fonds africain de développement)
分包	sous-traitance
分包	sous-traiter
分包商	sous-traitant
分标段的	alloti
分标段合同	contrat alloti
分部分项工程项目特征描述	descriptif sommaire
分层填筑	malaxage
分电板	tableau divisionnaire
分电路	dérivation
分公司	succursale
分期付款	décompte partiel
分歧	litige
分区图	découpage des plans
分线盒	boite dérivation
分项标准	sous-critère
分值	notation
酚醛树脂漆板	panneau backélisé
粉煤灰水泥	ciment aux cendres volantes
粪水	EV. (eaux-vannes)
风动凿岩机	marteau perforateur pneumatique
风镐	marteau piqueur
风化	altération
风向标	girouette
风栅	calandre
封闭	étanchéité
蜂窝梁	poutrelle alvéolaire
蜂窝砖	brique cellulaire
缝隙	aspiré
否决	rejet
敷设	étalement
浮筑地板	dalle flottante
辅助工程图纸	plans de C.E.S (corps d'état secondaire)

腐殖土	terre végétale	隔墙砖	brique cloison
付款确权	reconnaissance du droit de paiement	隔音层	chape acoustique
负荷	charge	个人连带责任担保	caution personnelle et solidaire
附加费	sujétions	个体工商户	entreprise individuelle
附加税义务	obligation parafiscale	更改项	variante
附加条款	additif	工程安排	ordonnancement des travaux
附近场地	environnement immédiat	工程草案	avant-projet
复查	contre visite	工程付款	payement des travaux
复工通知	ordre de reprise de service	工程概述	indications générales et descriptions des ouvrages
复原	remise en état	工程量	masse des travaux
复杂工况	dans l'embarras	工程量复查	métré contradictoire
副窗	imposte	工程量概算	détail quantitatif et estimatif
副营业务	activité secondaire	工程量价单	devis quantitatif et estimatif
富混凝土	béton riche	工程设计说明书	notice descriptive
钙质结核	concrétion calcaire	工程说明书	devis descriptif
干毛石	hérisson en pierres sèches	工程延期	ajournement des travaux
干容重	densité à poids sec	工程验收条款	conditions de réception des ouvrages
干容重	poids volumique sèche	工地领工员	conducteur des travaux
干石料	en pierre sèche	工地设置	installation de chantier
干缩率	rétractabilité volumétrique	工具箱	boîte à outils
钢板桩	palplanche	工棚	baraquement de chantier
钢化玻璃	verre trempé	工期	délai des travaux
钢筋	barre	工区	sous-chantier
钢筋	ferraille	工商注册	RC (registre de commerce)
钢筋	rond à béton	工商注册登记证	certificat d'immatriculation au registre du commerce
钢筋	fer à béton	工资表	bulletin de paie
钢筋铺扎	ferraillage	工资税	VF (Versement Forfaitaire)
钢筋切割机	coupeur de barres	工作年限	emploi tenu
钢筋弯曲折断机	cisaille-coudeuse	公共部位	partie commune
钢筋弯折机	cintreuse	公共废料场	décharge publique
钢筋网	armature	公共企业	entreprise publique
钢筋网	panneau de fers à béton	公司法定代表	représentant légal de la société
钢卡子	épingles en fer	公司股份	part sociale
钢索	câble en acier	公司股权	droits des parts sociales
高差	dénivelée	公司股权转让	cession de parts sociales
高峰期	hp. (heure de pointe)	公司利润税	IBS (impôt sur les bénéfices des sociétés)
高附着力	HA (haute adhérence)		
高密度聚乙烯塑料	PEHD (Polyéthylène haute densité)	公司名称	dénomination de la société
高强度锚杆	barre à haute adhérence	公司名称	raison sociale
高强度水泥	ciment à haute résistance	公司年度	année sociale
格栅	grille	公司性质	forme juridique de la société
隔断	refend		
隔墙	cloison		

公司章程	statuts	规范方案提交	présentation des propositions de règlement
公司章程规定的	statutaire	规格	spécifications
公司住所	siège social	硅酸盐水泥	ciment de silicate
公章	cachet	硅酸盐水泥	ciment Portland
公证处	office notarial	轨距拉杆	tirant-poussant
公职人员	agent public	滚筒	rouleau
功率	puissance	国家雇工社会保险基金	CNAS (Caisse Nationale des Assurances Sociales des Travailleurs Salariés)
拱形的	arqué		
共用建筑物	constructions mitoyennes		
供电	alimentation électrique	国家合同委员会	commission nationale des marchés
供水	distribution de l'eau	国家建筑研究设计中心	C.N.E.R.I.B (Centre National d'Études et de Recherches Intégrées du Bâtiment)
供应与安装	F/P (fourniture et pose)		
勾缝	rejointement		
沟槽开挖	fouille en tranchées		
沟槽开挖	fouilles en rigoles	国家社保局	CNSS (Caisse Nationale de Sécurité Sociale)
构造件	éléments constitutifs		
构造柱(加强筋)	raidisseur	国土规划与地区发展委员会	Délégation à l'Aménagement du Territoire et à l'Action régionale
购买标书	se procurer (retirer) les dossiers d'appel d'offres		
		国有企业	entreprise d'Etat
估量概算	détail estimatif	过梁	linteau
骨料	agrégat	含税	en toutes taxes comprises
骨料库	abri de stockage pour granulats	含税价	Prix T.T.C
骨料离析	ségrégation des agrégats	焊工面罩	masque de soudeur
鼓包	gondolement	焊接钢筋笼	treillis soudé
固定价格	prix fermé	焊枪	chalumeau
固定件	clip de maintien	焊条	baguette de soudure
固定起重机	grue fixe	夯实	compactage
固定销钉	broche de fixation	夯实机(压路机)	compacteur
挂号信	lettre recommandée	行人通道	passage piéton
管扳手	clé serre-tubes	行驶证	carte grise
管道	buse	合法地	de plein droit
管道	conduit	合法解除合同	résiliation de plein droit du contrat
管道工程	plomberie	合格	conformité
管道上缘线	génératrice supérieure	合伙创始人	associé fondateur
管箍(卡)	collier	合伙人	associé
管理费	frais généraux	合金	alliage
管钳	clé à tubes	合同	marché
管网工程	réseau	合同担保	garantie contractuelle
管辖部门	administration compétente	合同的废除	résiliation du marché
管辖部门	autorité compétente	合同定义	définition du contrat
管辖法院	tribunal compétent	合同各方	parties
光滑模板	coffrage lisse	合同构件	pièces du contrat
光面钢筋	barre lisse	合同规定的施工期限起始日期	point de départ des délais contractuel
规定用途	affectation		

合同解除	désengagement de prestation	混凝土砌面	parement du béton
合同金额	montant du contrat	混凝土试块	éprouvettes en béton
合同文件	pièce contractuelle	混凝土试块养护池	bac de stockage pour éprouvettes en béton
合同转让	cession du contrat	混凝土坍落度测试	essai d'affaissement au cône d'Abrams
核查	apurement		
横断面	profil en travers	混凝土摊铺机	étaleur du béton
横框	traverse	混凝土养护	cure du béton
横剖面图	coupe en travers	混凝土样棒	carotte de béton
横向缩缝	joint transversaux de retrait	混凝土硬度计	scléromètre pour béton
横向胀缝	joint transversaux de dilatation	混凝土硬化剂	durcisseur pour le béton
红砖墙	mur en brique	混凝土用砾石	gravier à béton
户名	compte ouvert au nom de	混凝土预埋件	pièce embétonnée
护角条	baguette d'angle	混凝土找坡	forme de pente en béton
护栏	garde-fou	混凝土振捣器	pervibrateur
护罩	couvercle	混凝土振捣器	vibrateur à béton
花岗岩	granite	混凝土砖	agglo
华柱路灯	candélabre	混水龙头	robinetterie mélangeur
滑撑（门、窗用）	projetant	活动扳手	clé à mâchoires mobiles
滑坡	éboulement	活动扳手	clé à molette
化粪池	fosse septique	火砖	brique
缓凝剂	réducteur de prise	击实测试	essai Proctor
缓凝剂	retardateur de prise pour béton	机械应力	contrainte mécanique
灰浆	coulis	机制瓦	tuile mécanique
灰浆槽	auge	肌理涂料	peinture en gréffie
回填	remblaiement	基础承台	semelle de fondation
回执	accusé de réception	基础筏板	radier général
会计年度	exercice	基础脚	plot
会议纪要	procès-verbal	基础梁（地梁）	longrine
混凝土保温砖	ISOLASUP	基础下沉	affaissement de fondation
混凝土成分及最佳配比试验	essai de composition et de résistance optimale de béton	基坑底	assiette
		基坑底面	terrain d'assiette
混凝土承受面	support béton	基坑回填	remblai des fouilles
混凝土灰浆	coulis de béton	基坑支护	voile périphérique
混凝土加固	bétonné	基岩	substrat rocheux
混凝土搅拌车	camion malaxeur	激光水平仪	niveau laser
混凝土搅拌机	bétonnière	级配	dosage granulométrique
混凝土搅拌机	malaxeur à béton	级配砂砾	sable et gravier à granulométrie
混凝土搅拌站	centrale à béton	挤浆法	bain soufflant
混凝土料斗	benne à béton	计价	prise en compte
混凝土料罐	godet	计入	imputation
混凝土龄期	âge du béton	计算书	note de calcul
混凝土配方	composition du béton	记录和单项进度报表	situations mémoires et décomptes
混凝土配方成分	ingrédient		
混凝土喷射枪	projecteur de béton		

技术标评标标准	critère technique
技术标书	offre technique
技术方案	mémoire technique
技术规定	prescription technique
技术规定汇编	cahier des prescriptions techniques
技术规范	spécifications techniques
技术监理	contrôle technique
技术能力	capacités technique
技术说明书	cahier des spécifications techniques
技术条款	dispositions techniques
技术性能	caractéristiques techniques
既判力	autorité de la chose jugée
加筋油毡	bitume armé
夹层玻璃	feuilleté
夹钳	serre joint
夹丝（网）玻璃	verre armé
价格调整公式	formule de la révision des prix
架空安装	mise en œuvre à hauteur
架空层	vide sanitaire
间隙	jeu
监理（咨询）工程师	ingénieur conseil
监理（咨询）工程师	ingénieur conseiller
监理方	contrôleur
监理事务	maîtrise d'œuvre
检查井	puits de visite
检查井	regard
减水剂	réducteur d'eau pour béton
剪板机	cisaille
剪力墙	mur de cisaillement
简易图	croquis
见索即付的担保函	garantie à première demande
建设方	maître d'ouvrage
建渣	gravat
建筑方（施工方）	constructeur
建筑技术规范	d.t.r (Document Technique Réglementaire)
建筑胶	colle de construction
建筑设计	études d'architecture
建筑设计师	architecte
建筑设计事务所	bureau d'études
建筑设计事务所	cabinet d'architecture

建筑设计事务所	maison d'architecte
建筑统一技术规范	d.t.u (Document Technique Unifié)
建筑许可证	permis de construire
交通标志	signalisation verticale
浇筑	coulage
浇筑料斗	goulotte
浇筑面	surface à bétonner
胶结层	couche d'accrochage
胶砂灰	mortier colle
角尺	équerre
角钢	cornière
角筋	équerre
角磨机	meuleuse
绞钢	fer tor
铰链（合页）	paumelle
脚手板（跳板）	planche à échafaudage
脚手架	échafaudage
缴清期限	référence des échéanciers
接触器	contacteur
接地桩	piquet de terre
接入费	frais d'approche
接通	enclenchement
接头切割	coupe raccord
接线端子板	bornier
洁具	appareil sanitaire
界墙	mur mitoyen
借方回填	remblai d'emprunt
金属结构物	ouvrage métallique
金属圆柱筒模具	moule cylindrique métallique
紧固环	bague de fixation
进出工地的设施	moyens d'accès et de circulation établie pour le ou les besoins de son chantier
进度	situation
进度安排	planning de phasage
进度计划	planning d'avancement
经济标书	offre financière
经营单位	opérateur économique
经营许可	autorisation d'exploitation
景观设计师	architecte paysagiste
竞标人	candidat
竞标人	concurrent

竞争议标	procédure concurrentielle avec négociation	抗压测试	essais de compression
纠纷解决	règlement des litiges	抗压强度	résistance à l'écrasement
榉木	hêtre	颗粒分析	essai de tamisage
具有相对应的承重能力	en force approprié au poids de	颗粒级配	composition granulométrique
锯片	lame de scie	壳体	corps
聚胺薄膜层	feuille de polyane	可行性报告	étude de faisabilité
聚苯乙烯（泡沫)	polystyrène	可调价的	actualisable
聚氯乙烯套管	fourreaux en PVC	可允许的误差范围	marge d'erreur tolérée
聚乙二醇膜	film de polyéthylène	空气开关	disjoncteur compact
聚乙烯薄膜	film polyane	空心墙	mur à vide d'air
聚乙烯隔气层	pare vapeur en polyane	空心砖	brique creuse
卷尺	mètre ruban	孔隙比	indice des vides d'air
卷帘门窗	volet roulant	快硬水泥	ciment rapide
卷起凸出部位防水	relevé d'étanchéité en relief	款项计算方式	mode de facturation
绝缘	isolation	框架	ossature
绝缘材料	isolant	拉毛	arrachement
绝缘层（隔绝噪音、湿、热等)	apport d'isolant	拉毛	bouchardage
绝缘带（电工)	bande de chatterton	栏杆	garde-corps
绝缘方式	façon isolante	劳动法规	législation du travail
绝缘螺钉	vis de façon isolante	肋梁	nervure
均质的	homogène	冷底子油	Flintkot
竣工	achèvement	冷浸层	couche d'imprégnation à froid
卡口灯座	douilles à baïonnettes	冷水	EF. (eau froide)
开标	notifier le marché	力学测试	essai mécanique
开标	ouverture des plis	立面	élévation
开标会议	séance d'ouverture	立柱	poteau
开标委员会	commission d'ouverture des plis	立柱基脚	amorces poteaux
开发区详细规划	PAZ (Plan d'aménagement de zone)	立柱基脚	avant-poteau
开发商	promoteur	沥青涂层	badigeonnage en bitume
开工	mise en chantier	沥青油毡	feutre bitumé
开工	ouverture du chantier	沥青粘附性测试	essai d'adhésivité vialit
开关	interrupteur	砾石	gravier
开户行	domiciliation bancaire	砾石场	ballastière
开始作业	entamer l'opération	砾石防水保护层	protection en gravillon
开挖	excavation	砾质土	graveleux
槛	seuil	粒度	granulométrie
抗拉力测试	épreuve de traction	连带担保	caution solidaire
抗冷凝	anti condensation	联合承包商	entrepreneurs groupés
抗硫水泥	ciment résistant aux sulfates	联合合同	marché conjoint
抗扰性	immunité	联合体	groupement
		联合体协议	convention de groupement
		廉洁声明	déclaration de probité
		凉廊	loggia

梁	poutre	铝合金门窗	menuiserie aluminium
梁间空心砖	entrevous	铝合金门窗外框	précadre en aluminium
梁间空心砖	hourdis	履带式推土机	bouteur sur chenille
料场	gites emprunt	履约保函	garantie de bonne exécution
料斗出口端	extrémité de goulottes	履约保证金	caution de bonne exécution
劣质企业	entreprise défaillante	履约保证金	cautionnement définitif
裂痕	fêlures	履约证明	attestation de bonne exécution
临时设施	installations provisoires	绿色植被的恢复与启用	reprise et mise en service de terre végétale
临时验收	réception provisoire	马桶冲水	chute d'eau
临时验收合格	réception provisoire sans réserves	满足法律规定的（地）	de droit
菱形钩	aggraves en losange	慢凝水泥	ciment à prise lente
零件明细	nomenclature	盲沟	drain souterrain
另有规定	prescriptions contraires	毛石	enrochement
流动资金	fonds circulant	毛石	moellon
龙骨	solive de faux plafond	毛石混凝土	béton de moellon
楼板	dalle	毛石基础	hérissonnage
楼板层	plancher	毛细钎焊	brasage capillaire
楼顶建筑物	attique	毛细现象	capillarité
楼栋	bloc	锚杆	barre d'ancrage
楼梯井（间）	cage d'escalier	锚杆	tirant d'ancrage
漏浆	perte de laitance	锚钩	tige d'ancrage
炉盘	plaque de cuisson	锚栓	scellement
路基土方与基层	terrassements et couches de forme	梅花扳手	clé polygonale
路缘石	bordure	每层间隔	couches espacées
露台	terrasse	美工刀	cutter
卵石	caillou	门（窗）框架	châssis
卵石	galet	门（窗）樘	huisserie
轮式推土机	bouteur sur pneus	门（窗）梃	montant
轮式压路机	compacteur pneu	门窗洞口边缘（墙体）	tableaux
罗盘	boussole	门窗洞口边缘丁砖	boutisse en tableau
螺口灯座	douilles à vis	门窗扇	ouvrant
螺纹的	fileté	门窗上的边槽	feuillure
螺纹钢筋	barre crénelée	门窗套	chambranle
螺纹接头	raccord vissé	门窗梃（门樘）	bâti
洛杉矶磨耗	essai Los Angeles	门闩	verrou
落地灯	lampadaire	秘书处	SG (secrétariat général)
落地门玻璃	verre stop sol	密度	masse volumique
落地式	en stop sol	密封条	joint
落水口	avaloir	密实度	compacité
落水口	gargouille	免除罚款	dispense des pénalités
铝箔保护	protégé par feuille paquet d'aluminium coffre		
铝箔卷边防水	étanchéité en paralumin		
铝箔沥青油毡	bitumé armé d'aluminium		

面漆层	couche de finition	女儿墙泛水条	baquet d'acrotère
民事和职业责任保险	assurance responsabilité civil et professionnelle	女儿墙墙帽	becquet d'acrotère
		爬升模板	coffrage grimpant
民事责任	responsabilité civil	排水	drainage
名称	désignation	排水槽入口	abord des gargouilles
明沟	caniveau à ciel ouvert	排水工程	assainissement
明框玻璃幕墙	verre extérieur parclosé	排水沟	cunette
明文许可	autorisation expresse	排水管	barbacane
明细清单	énumération	排水孔（窗框上）	busette
模板	coffrage	排污管	descente d'eaux usées
模板边缝	joint de coffrage	牌号（钢材）	nuance
模板拱圈	cintre de coffrage	判标	jugement des prix
模数测试	essai de module	配电柜	armoire générale
抹灰	enduit	喷淋口	bouches d'arrosage
抹灰	plâtrage	喷漆枪	pistolet à peinture
抹灰工程	plâtrerie	喷射混凝土	béton projeté
抹泥刀	truelle à ciment	喷射水泥	gunitage
墨斗	cordeau à tracer	膨胀螺丝（杆）	goujons filetés à contre écrous
木锤	maillet	膨胀系数	coefficient de dilatation
木工锤	marteau de coffreur	批准合同	approbation du marché
木工刨	rabot d'établi	劈裂测试	essai de fendage
木锯	scie à bûche	皮卡车	pick-up
木作工程	menuiserie bois	拼石地面	tapis de pierres
纳税地	lieu d'imposition	贫混凝土	béton maigre
纳税人识别码	NIF (numéro d'identification fiscale)	贫混凝土	béton pauvre
		平地机	finisseuse
纳税人识别码	TIN (Taxpayer Identification Number)	平地机	niveleuse
		平整	mise à niveau
纳税义务	obligation fiscale	平整	profilage
纳税状态正常	en situation fiscale régulière	平整土地	nivellement des terres
耐火砖	brique réfractaire	评标	évaluation des offres
内六角扳手	clé hexagonale	评标	évaluer les offres
内院（天井）平台	terrasse patio	评标标准	critère d'évaluation
		评分	appréciation
泥浆泵	pompe à boue	评分体系	système de notation
拟配备人员	personnel proposé	评分项目	critères de notation
黏附力	adhérence	评估员	évaluateur
黏结层涂料	couche d'enduit d'accrochage	凭证	justificatif
凝灰岩石料	pierre de tufs	坡度规整	pente régulière
凝结（混凝土）	prise	破产保护	règlement judiciaire
牛皮纸	kraft	破产保护程序管理部门	administrateur au règlement judiciaire
暖气控制器	gestionnaire d'énergie		
女儿墙	acrotère	剖面图	coupe
女儿墙	parapet	铺路石	pavé

铺面	dallage	墙基	soubassement
铺石路面	pavage	墙裙	sous bassement
铺砖	carrelage	桥隧工程	ouvrage d'art
其他附加费用	autres sujétions	撬棍	barre à mine
企业性质	forme de l'entreprise	侵蚀性水	eau agressive
起钉器	arrache-clous	轻骨料	agrégat léger
气密	étanchéité à l'air	轻质混凝土	béton léger
气泡	poche d'aire	清产核资	inventaire
气泡水平尺	niveau à bulle	清偿协议	concordat
弃（土）方	mise en dépôt	清场	dégagement
弃标	rejeter une offre	清除绿色植被	décapage de la terre végétale
弃方（弃土）	dépôt	清关	dédouanement
汽车吊	camion-grue	清漆	peinture au vernis
汽车吊	grue mobile	清水钢筋混凝土	béton armé brut
砌固预埋楔片	taquet scellé	清算	liquidation
砌块	bloc	清算人	liquidateur
砌体	maçonnerie	清淤	vidange
千米点	PK. (point kilométrique)	清运	déblayer
牵头企业	chef de file	穹顶	coupole
铅丝笼	gabion	圈梁	chaînage
签订合同	passation du contrat	圈梁	poutres-chainages
签订合同	signer le contrat	权利所有人	ayant droits
签发机构	institution émettrice	权重	pondération
签署方式	mode de passation	全程监管	contrôle complet
签署合同	signature du marché	全国产品分类目录	catalogues nationaux
签约程序	procédure de passation du contrat		
签约各方信息	identification précise des parties contractantes	全站仪（经纬仪）	tachéomètre
		缺棱掉角	épaufrure
签约人	contractant	燃气供应	distribution du gaz
签章	visa	热工标准	réglementation thermique
签字人职务	qualité du signataire	热沥青油膏层	couche d'enduit à chaud bitumé
签字日期	date de signature	热桥	pont thermique
潜水泵	pompe submersible	热容量	capacité calorifique volumique
浅层基础	fondation superficielle	热熔防水层	enduit d'application à chaud
浅色玻璃	verre clair	热熔沥青	enduit à chaud bitumé
嵌入式接线盒	boîte d'encastrement	热水	EC. (eau chaude)
嵌油灰	masticage	热涂层	E.A.C (enduit à chaud)
强电工程	courant fort	人工	main d'œuvre
强度等级	classe de résistance	人工照明	éclairage artificiel
强化玻璃	vitrage feuilleté	人员清单	liste des moyens humains
强化木地板	parquet laminé	人造大理石砖	carreaux compacto
强制保险	assurance obligatoire	人字形面墙	mur extérieur façade pignon
强制措施	mesure coercitive	认可发票	facture acceptée
墙板	voile	韧性	doux

荣誉声明	déclaration sur l'honneur	申报	déclaration
容积率	coefficient d'occupation des sols	申明人	déclarant
容积率上限	PLD (plafond légal de densité)	伸缩缝	joint de dilatation
容重	densité apparente	身份和职务	identité et qualité
容重	poids volumique	审查投标人资格	sélectionner les candidatures
溶解杂质	impuretés dissoutes	渗水	infiltration d'eau
融资	financement	渗水	suintement
乳化沥青	émulsion de bitumes	生活区	base de vie
软木	liège	生效	entrer en vigueur
软水	eau douce	生效	prendre effet
洒水	arrosage	省（阿尔及利亚行政区划）	wilaya
撒水车	arroseuse		
三孔砖	brique de 3 trous	省建筑遗产局	Service départemental d'architecture et du patrimoine
三率法	règle de trois		
三通一平	viabilité	省装备局	direction départementale de l'équipement
三者异议	recours des tiers		
三轴剪切测试	essai cisaillement triaxial	剩余电流差动保护	dispositif différentiel à courant résiduel
散装水泥	ciment en vrac		
砂	sable	施工	exécution des travaux
砂垫层	forme de sable	施工	réalisation
砂垫层	lit de sable	施工测量	métré
砂浆	mortier	施工单	ods (ordre de service)
砂浆结块	glaciers de mortier	施工单	ordre de service
砂浆湿铺	pose à bain de mortier	施工方式	mode d'exécution des travaux
砂轮切割片	disque de coupe à émeri	施工工艺	méthodologie de travail
砂石场	carrière	施工合同	contrat de réalisation
筛分测试	essai de sédimentation	施工计划	planning de réalisation
山墙	pignon	施工监理	contrôle de l'exécution des travaux
商品混凝土	béton prêt à l'emploi	施工进度	avancement des travaux
商业注册	inscription au registre de commerce	施工进度表	programme à barres
上边圆弧形	bord supérieur arrondi	施工冷缝	joint de reprise
上部结构	superstructure	施工流程示意图	schéma de circulation construction
上水管	colonne montante	施工期限	délai d'exécution
设备	matériel	施工区	base de chantier
设备清单	listing des moyens matériels	施工缺陷	vice de construction
设计地面标高	cote de niveau projeté du sol	施工日志记录（工作量单）	attachement
设计管理方（业主代表）	maître d'œuvre		
设计监理方检查不合格	réserves émises par le maître d'œuvre	施工图	dessin d'exécution
		施工图	plan d'exécution
设计手册	manuel de conception	施工质量	consistance des travaux
设施	moyens en matériel	施工中止	interruption des travaux
社保费	charges sociales	施工准备	préparatifs d'exécution
射灯	projecteur	施工资料	dossiers d'exécution

十年责任强制险（工程质量险）	assurance obligatoire responsabilité décennale	受力最小	moindre fatigue
		受让人	cessionnaire
十年责任险（工程质量险）	assurance responsabilité décennale	受益人	bénéficiaire
十字镐	pioche	授权签约人	personnes dument habilitées à signer le contrat
石板路	chaussée dallée	授权人	délégant
石膏	gypse	授权书	délégation
石膏	plâtre	授权书	délégation de pouvoir
石膏层	couche de plâtre	授权证明	pièces justifiant les pouvoirs conférés
石砌护坡	perré	授予合同	attribuer le marché
实地考察	visites des lieux	授予权利	habilitation
实木地板	parquet massif	书面通知	pv (procès-verbal)
实木复合地板	parquet contrecollé	书面许可	autorisation écrite
实体（企业）	entité	树池	espace d'arbre
实心板	dalle pleine	树脂地面	revêtement de sol en résine
实心楼板	plancher en dalle pleine	竖井开挖	fouilles en puits
使用范围	domaine d'emploi	双层玻璃	double vitrage
使用寿命	durée de service	双层墙	double parois
世界银行	Banque mondiale	双面油灰	double bain de mastic
市场支配地位	domination du marché	双头螺栓	double boulon
市际规划研究委员会	Syndicat intercommunal d'étude et de programmation	水晶吊灯	lustres de cristal
		水磨地面	sol en béton poli
市政管网工程师	ingénieur en VRD (voirie et réseaux divers)	水磨石	granito
		水磨石地面	revêtement en granito
事前同意	accord préalable	水泥灰浆	coulis de ciment
事前追索权	recours préalable	水泥喷枪	guniteuse
试件	échantillon d'essai	水泥枪	injecteur de ciment
适用标准	application des normes	水泥砂浆勾缝	joint au mortier de ciment
适用法律	droit applicable	水泥筒仓	silo à ciment
适用法律	législation applicable	水泥压制管道	canalisation en ciment comprimé
室内装潢设计师	architecte d'intérieur	水泥砖	parpaing
室内装修	décoration intérieure	水平参考线	niveau référence
室外打造	aménagement extérieur	水平参照线	trait de niveau référence
收据	quittance	水平尺（泥瓦工）	règle de maçon
收据	récépissé	水平曲线	courbe de niveaux
收取标书	recevoir les soumissions	水硬度	degré hydrométrique
手动葫芦	palan à levier	水硬性胶凝材料	liant hydraulique
手工业匠人登记	registre de l'artisanat et des métiers	水准点	repère de nivellement
		税单	rôle des impôts
手工业者职业证明	carte professionnelle d'artisan	税后金额	somme toutes taxes comprises
		税卡	carte d'immatriculation
首次缴纳	versement initial	税前	ht. (hors taxes)
首次索赔	première demande	税务登记	immatriculation fiscale
受力方向	direction des contraintes		

税务资产负债表	bilan fiscal	剔除	écarter
顺砖	pose en panneresse	踢脚线	plinthe
私人招标单位	entité adjudicatrice	踢面	contre marche
私署证书	acte sous signature privée	提（货）	enlèvement
四氧化三铅（红丹）	minium de plomb	提单	connaissement
松方系数	coefficient de foisonnement	天沟	gouttière
松散	lâche	天井	patio
素混凝土	béton de propreté	天桥	passage aérien
素混凝土	béton non-armé	天然地面	terrain naturel
速凝剂	accélérateur de prise	天然沥青	asphalte naturel
速凝水泥	ciment à prise rapide	天然碎石	graves non traitées
塑料格栅	grillage avertisseur	填堵补平	rebouchage
塑料膜	Polyane	填方	remblayage
酸性反应	réaction acide	填缝	bourrage
随查任务	mission de suivi	填入的数据	entrées
随附文件	pièce accompagnée	挑檐	corniche
随机抽样调查	prélèvement d'échantillons au hasard	条（款）	article
碎砾石	gravier broyé	条石	pierre de taille
碎石机	brise-roche	调价	actualisation des prix
碎石机	concasseur	调价	révision et actualisation des prix
碎屑	débris	调整定位	calage
索斗挖土机	dragline	铁件	ferronnerie
锁具	serrure	铁件安装（门上）	ferrage
锁芯套件	jeu de barillets	铁锹	bêche
塌落度	affaissement	铁锈堆积	accumulation de rouille
塔吊	grue à tour	停车棚	car-port
踏步纵向锁头	blocage horizontal des marches	停工通知	ordre d'arrêt de service
踏面	volet marche	通风缝	vide d'air
台虎钳	étau	通风换气	aération et ventilation
台阶开挖	fouille en gradins	通过率	passant
坍落度试验	SLUMP-TEST	通用规定手册	cahier des prescriptions communes
坍落度筒（锥形筒）	cône d'ABRAMS	通用技术规范标准	normes D.T.U (Document Technique Unifié)
碳酸酯材质	en matière carbonate	通用招标细则	cahier des charges générales
陶土	grès cérame	砼凝结	serrage du béton
套筒扳手	clé à tire-fonds	砼强度	résistance du béton
套筒扳手	clé à douille	铜芯电缆	conducteur en cuivre
特别行政条款	CCAP (cahier des clauses administratives particulières)	统计局登记号	NIS (numéro d'identification statistique)
特别条款	dispositions spéciales	投标保证金	caution de soumission
特别招标细则	cahier des prescriptions spéciales	投标保证金	cautionnement provisoire
特许	dérogation spéciale	投标保证金	garantie de soumission
		投标保证书	lettre de garantie pour soumission

投标函	lettre de soumission	弯头	coude
投标人	soumissionnaire	完工地面	sol fini
投标人须知	instructions aux soumissionnaires	完税证明	extrait de rôles
投标声明	déclaration à souscrire	万能胶	colle universelle
投标书	soumission	违法经营黑名单	fichier national des fraudeurs
投标文件	pli	违约	défaillance
投标有效期	période de validité de l'offre	围栏	clôture
投标资格	éligibilité	围墙	mur de clôture
投资	placement	委托书	pouvoir
透明清漆	vernis blanc	未扰动试样	échantillon intact
透气帽	chapeau de ventilation	文件清单	liste des pièces
透视图	perspective	稳固	bonne tenue
图签	cartouche	污水	eaux usées
土地使用规划	plan d'occupation des sols	污水管	égouts
土方工程	terrassement	污浊气流	air vicié
土方量	volume de terrassement	屋顶通风管	souche de ventilation
土工薄膜	géomembrane	屋脊	arête de toit
土工布	feutre géothermique	屋架	charpente
土工布	géotextile	屋面	couverture
土工测试	essai géotechnique	屋面	toiture
土工格栅	géogrille	屋面排气口	ventilation primaire
土木工程	génie civil	无纺土工布	tissu géotextile non tissé
土木工程师	ingénieur en génie civil	无告示议标	procédure négociée sans publication préalable
土壤压实指标	caractéristiques de compactage d'un sol	无形动产质押	nantissement
土质	propriété de sol	务工许可证	permis de travail
土质报告	étude de sol	物理性能	caractéristiques physiques
推土机	bull	物料提升机	monte-charge
推土机	bulldozer	物流	logistique
托管	mise en régie	西非法郎	franc CFA
托架	console	吸顶灯	hublot
托泥板	taloche	吸顶灯	plafonnier
脱模剂	agent de démoulage	洗砂机	laveuse de sable
脱模剂	décoffrant	洗手池	lave main
脱模油	huile de démoulage	细骨料	agrégat fin
挖方	déblai	细砾石	gravier fin
挖方	déblayage	细砾石	gravillon
挖方排水	épuisement de fouille	细砂	sable fin
挖掘机	creuseuse	下部结构	infrastructure
挖掘机	excavateur	现场	à pied d'œuvre
挖掘装载一体机	chargeuse-pelleteuse	现场办公室	bureau de chantier
挖掘装载一体机	excavateur-chargeur	现场管理	organisation du chantier
挖泥船	drague	现场考察	visite du site
外窗台板	pièces d'appui		

现场路面透水性测试	essai au drainomètre de chantier	压缩指数	coefficient de tassement
现场实际测量	évaluer au métré	延迟缴税书	sursis légal
现行法律	législation en vigueur	延米	mètre linéaire
现浇钢筋混凝土	béton armé coulé sur place	岩石地	terrain rocheux
线锤	pendule	岩石粉	fines de roche
线路集成盒	gaine technique	验收	réception
相对密度	densité relative	阳角	angle saillant
相连的	attenant	阳台	balcon
厢式卡车	camionnette	业绩证明	référence professionnelle
箱梁	poutre en cadre	业主（共有）	copropriétaire
详图	détail	业主（发包方）	service contractant
项目经理	chef de projet	液压挖掘机	pelle hydraulique
消防	protection contre l'incendie	液压凿岩机	brise-roche hydraulique
消防斧	hache brise glace	液压钻	foreuse hydraulique
消防管道	réseau incendie	一般行政条款	CCAG (cahier des clauses administratives générales)
消防卷盘	robinet d'incendie armé	一般要求	prescriptions générales
销	cheville	一次性的	perdu
小梁	poutrelle	一次性模板	coffrage perdu
小石板	dallette	一轮	passe
协商	gré à gré	一期混凝土	béton primaire
协商清偿	règlement de concordat	一式三份	en trois exemplaires
斜边（瓷砖边缘）	biseauté	依照合同规定的范围编制	établi conformément au cadre figurant au dossier du contrat
斜三通（叉形管）	culotte	移挖作填	remblai de déblai
新风系统	VMC (ventilation mécanique contrôlée)	以……名义	agissant au nom de
信息汇总表	formulaire récapitulatif des informations	以……为准	faire foi
		以上申明准确无误	renseignements ci-dessus fournis sont exacts
信箱代码	Bp. (boîte postale)	以原件为准	original fera foi
信用证	lettre de crédit	异物	matières étrangères
型材	profilé	意向书	lettre d'intention
修订和完善的	modifiant et complétant	翼墙	mur en aile
修整	dressage	阴角	angle rentrant
修琢处理平整	ragréer	银行保函	garantie bancaire
许可	agrément	银行资信证明	référence bancaire
蓄水池	bâche à eau	饮用水	eau potable
悬浮杂质	impuretés en suspension	隐蔽工程	ouvrage dissimulé
悬挑结构	surplomb	印花砂浆地面	béton imprimé
窨井盖	tampon	营业额	chiffre d'affaires
询标	consultation	营业执照	extrait du registre de commerce
压缝条	couvre joint	营业执照	patente d'exploitation
压光水泥地面	sol en béton lissé	应付款	somme due
压实用水	eau de compactage	应力	contrainte
压缩系数	indice de compression		

硬度	dureté	月度金额	montant de la mensualité
硬度	rigidité	月进度款	décompte provisoire mensuel
硬化	durcissement	云石锯片	lame de scie de céramique
用大写数字	en lettres	允许误差	erreur admissible
用高压水冲洗	arroser énergiquement	运料车（小型翻斗车）	wagonnet
用螺丝固定在卡扣上，卡扣采用预埋或螺丝固定	scellement par vis sur taquets scellés ou chevillés	杂物堆放场	aire réservée aux déblais
		在正位	in situ
用途	destination	暂时结存	solde provisoire
用小写数字	en chiffres	凿子	ciseau
优惠政策	marge de préférence	早强水泥	ciment à résistance initiale
优先购买权	préemption	灶具	cuisinière
优先受让权	droit de préemption	责任将不得免除	responsabilité (la) ne saurait être dégagée
油罐车	camion tanker		
油罐车（运水车）	camion-citerne	增额	plus-value
油灰	mastic	增塑剂（混凝土）	plastifiant
油灰沥青	asphalte mastic	轧钢	acier laminé
有告示议标	procédure négociée directe avec publication	粘附性	collage
		粘结	association
有水房间	pièce humide	粘土	argile
有形不动产	immobilisations corporelle	涨土追加额	majoration de foisonnement
有形动产质押	gage	招标	appel d'offres
有支护开挖	fouille blindé	招标人	adjudicateur
余额	surplus	招标文件	dossiers d'appel d'offres
雨水	eaux pluviales	招标细则	cahier des charges
雨水池	bassin d'eau de pluie	招标信息资料	données particulières de l'appel d'offres
雨水管	chute d'eaux pluviales		
预付	acompte	招投告示	avis d'appel d'offres
预付款	avance	找平层	chape
预留孔	réservation	找平层	chape de nivellement
预留孔	trou de réserver	找平层（涂料）	couche de dressage
预留口周边收口	finition autour des réservations	找坡层施工	forme de pente
预埋件	pièce noyée	照明	éclairage
预选	préqualification	遮光玻璃	verre stop soleil
预选	présélection	折尺	double mètre
预选合格的	préqualifié	折弯机	plieuse
预制板	pré-dalle	振动式混凝土整面机	régalo-vibro-finnisseuse
原产地证明	certificat d'origine		
原件	exemplaire original	争议解决	règlement des différends
原始标准	critère d'origine	争执	contestation
圆钢	rond lisse	征地	expropriation du terrain
圆盘锯	scie à disque	征地范围	emprise
圆盘锯	scie circulaire	征地界	limite d'expropriation
远程控制插座	prise commandée	整齐	régularité

整体墙面	ensemble des parois	装载机	chargeur
证明文件	pièce justificative	追加工程	travaux supplémentaires
政府采购合同	marché public	追诉期	délai de recours
政府招标部门	pouvoir adjudicateur	准予施工	bon pour exécution
支撑	étaiement	资格审查合格的公司	entreprise préqualifiée
支管窨井	regard de branchement	资金实力	capacité financière
支架	étai	资质	qualification
支架	tréteau	资质	qualité
直角	angle droit	资质级别	classification professionnelle
直接剪切测试	essai de cisaillement rectiligne	资质证明	certificat de qualification
直线性损失测试	essai de perte linéaire	子公司	filiale
职业行为税	TAP (taxe sur l'activité professionnelle)	自动装载机	autochargeur
职业廉洁	probité professionnelle	自然地面标高	cote de niveau du sol naturel
纸巾架	porte serviette	自然人	personne physique
制作成型	façonnage	自然日	jour calendaire
质量工程师	ingénieur assurance qualité	自卸车	camion-basculant
质量监理	contrôle de qualité	自卸车	dumper
中标	adjudication	自卸卡车	camion benne
中标人	adjudicataire	自有资金	fonds propre
中标人	attributaire du marché	总部	maison mère
中标通知书	notification d'acceptation	总决算	décompte global définitif
中庭	patio principale	总决算（缩写）	d.g.d (Décompte général définitif)
中线	fil pilote	总平面布置图	plan de disposition général
终审	condamnation définitive	总平面图	plan de masse
仲裁法庭	tribunal d'arbitrage	总收入所得税	IRG (impôt sur le revenu général)
重骨料	agrégat lourd	总统令	décret présidentiel
重砌基层	arases de reprises	总图	plan directeur
重型卡车	poids lourd	总图	plan d'ensemble
轴（机械）	arbre	总则	dispositions générales
轴测图	schémas axonométriques	总则	généralité
轴承	roulement	纵断面	profil en long
轴线	axe	纵剖面	coupe longitudinale
逐层（回填）	couches successives	纵剖面图	coupe en long
主墙	gros mur	租购	location-vente
主体工程	gros œuvre	租赁	leasing
主营业务	activité principale	钻取试样	carottage
注册资本	capital social	最低报价	offre la moins disante
专业能力	capacité professionnelle	最低报价的	moins-disant
专业资质等级证书	certificat de qualification et de classification professionnelle	最低能力要求招标	appel d'offres avec exigences de capacités minimales
砖厂	briqueterie	最终验收	réception définitive
转让	cession	最终验收合格	réception définitive sans réserves
桩基	fondation sur pieux	作价方式	mode d'évaluation des ouvrages